Verständliche Wissenschaft Band 104

Gerhard Thielcke

Vogelstimmen

Mit 95 Abbildungen

Springer-Verlag
Berlin · Heidelberg · New York 1970

Herausgeber der Naturwissenschaftlichen Abteilung:
Prof. Dr. Karl v. Frisch, München

Dr. rer. nat. Gerhard Thielcke
Max-Planck-Institut für Verhaltensphysiologie
Vogelwarte Radolfzell
7761 Möggingen, Am Schloßberg

Meinen Eltern gewidmet

ISBN-13: 978-3-540-05030-8   e-ISBN-13: 978-3-642-88661-4
DOI: 10.1007/978-3-642-88661-4

Umschlaggestaltung: W. Eisenschink, Heidelberg

Vorwort

Die Kenntnis von Vogelstimmen ist das Rüstzeug eines jeden Vogelkundlers, der sich mit wildlebenden Vögeln befaßt. Darüber hinaus sind die Lautäußerungen dankbare Forschungsobjekte für Wissenschaftler ganz verschiedener Gebiete; für den Anatomen sind es die klangerzeugenden Organe und das Ohr, der Physiologe ergründet die Vorgänge der Schallerzeugung und Schallwahrnehmung, den Verhaltensforscher interessiert, wie Vögel auf Stimmen reagieren, und der Evolutionsforscher sucht die Rolle des Vokabulars bei der Artbildung zu entschleiern. Die Aufzählung ließe sich fortführen; sie zeigt aber schon in ihrer Unvollständigkeit, wie vielfältig die Berührungspunkte der Bioakustik zu anderen Forschungszweigen sind, und nicht zuletzt darin liegt der Reiz, sich mit Tierstimmen zu befassen. In dem hier vorgelegten Überblick habe ich die Bedeutung der Vogelstimmen als Verständigungsmittel und als Evolutionsfaktor ausführlicher behandelt, weil besonders diese Gebiete vielversprechende Ansatzpunkte für neue Untersuchungen geliefert haben.

Während ich diese Zeilen schreibe, klingelt draußen vor meinem Fenster eine Kohlmeise ihr *zizibebe*, ein Hausspatz schilpt vor seinem Nest unter dem Dach, und ein Amselmännchen singt leise aus dem nächsten Busch. Ihre Stimmen sind mir noch immer genauso Musik in den Ohren wie zu jener Zeit, als ich noch nichts von Klangspektrograph, Artentstehung und Verhaltensforschung wußte. Das denen zum Trost, die um ihren Naturgenuß fürchten, wenn sie weiterlesen.

Möggingen, März 1970

GERHARD THIELCKE

Inhaltsverzeichnis

VII

VIII

1. Vogelstimmen schwarz auf weiß

Um genau zu wissen, wie die Bewegungen eines Tieres ablaufen, filmen wir sie und betrachten sie in Zeitdehnung. Aber selbst das genügt dem Verhaltensforscher nicht. Er möchte den Vorgang noch genauer erfassen. Dazu lassen sich die nacheinanderfolgenden Filmbilder vergleichen und ausmessen. Um das Resultat seiner Bemühungen anschaulich zu machen, zeichnet er die einzelnen Bilder nebeneinander, und der Beschauer *sieht* die Bewegung (Abb. 1a).

Genauso läßt sich mit den Lautäußerungen verfahren. Wir nehmen sie auf Tonband auf und lassen sie in Zeitdehnung ablaufen. Mit einem Tonbandgerät ist es jedoch nicht möglich, bei gleicher Tonhöhe nur die Geschwindigkeit zu verändern. Veränderte Bandgeschwindigkeit bedingt eine Verzerrung der Tonhöhe. Davon abgesehen sind wir mit der verlangsamten Wiedergabe erst an dem Punkt angelangt, der im optischen Bereich der Zeitdehnung eines Filmes entspricht. Wir wollen die Stimmen aber schwarz auf weiß haben, um sie genau analysieren zu können. Die heutige Technik ermöglicht das mit Klangspektrogrammen, die entsprechend dem Namen Sonagraph des Apparates auch Sonagramme genannt werden.

Um mit Klangspektrogrammen vertraut zu machen, habe ich das „Heulen" des Waldkauzes ausgewählt (Abb. 1b, c), das den meisten Lesern dem Klang nach bekannt sein wird. Das Klangspektrogramm ist von links nach rechts zu lesen. Auf der Grundlinie ist die Zeit aufgetragen. Der wie *huuu* klingende „Ton" in Abb. 1b ist horizontal, also in der Zeit ungeteilt. Er dauert 0,85 Sekunden. Nach einer Pause von mehreren Sekunden kündigt ein ganz kurzer „Ton" von weniger als 0,15 Sekunden Dauer einen langgezogenen von fast 1,2 Sekunden an (Abb. 1c). Diese drei „Töne" sind der Gesang des Waldkauzes.

Das Klangspektrogramm sagt aber nicht nur über die Zahl der Töne und deren Dauer etwas aus, sondern auch über die Tonhöhe. Wir sehen uns dazu die senkrechte Skala an. Ihre Ziffern bedeuten 1, 2 ... 6 kHz (Kilohertz). Aus dem Physikunterricht

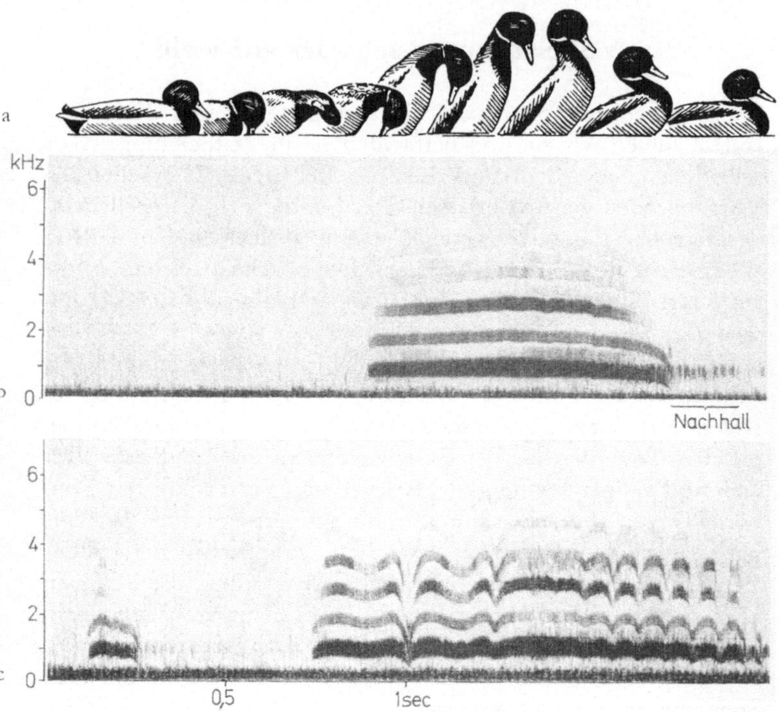

Abb. 1. a Bewegungsablauf bei der Balz der Stockente. Nach Filmen gezeichnet von H. Kacher in von de Wall 1963. b, c Stimmenverlauf in zwei Strophen des Waldkauzes

wissen wir, daß 1 kHz 1000 Schwingungen in der Sekunde hat. Je schneller die Luftteilchen schwingen, um so höher empfinden wir den Ton. Entsprechend sind die Töne um so weiter von der Grundlinie entfernt, je höher sie sind. Das *huuu* in Abb. 1b steigt in der Tonhöhe etwas an und fällt zum Schluß wieder etwas ab. Der langgezogene „Ton" in Abb. 1c schwankt in der Tonhöhe in schneller Folge. Denselben Eindruck bekommen wir, wenn wir dieses *hu^uu^uu^uu^uu* hören.

Um Töne handelt es sich bei Tierstimmen allerdings meistens nicht, denn ein Ton besteht im physikalischen Sinn nur aus einer einzigen Frequenz. Obwohl die Musiklehre — anders als die Physik — unter einem Ton das Gemisch von Grundton und Obertönen versteht, wie es z. B. beim Anschlagen einer Klaviertaste entsteht, wären auch die Musikfachleute nicht einverstanden, wenn wir die einzelnen Teile eines Vogelgesanges Töne nennen würden. Denn im Gegensatz zu vielen Instrumentaltönen sind Vogelstimmen fast immer disharmonisch zusammengesetzt und schwanken in der Höhe. Derartige Lautgemische werden Geräusche genannt.

Es soll niemandem zugemutet werden, daß er Nachtigallengesang als Reihung von Geräuschen beschrieben findet. Deshalb nenne ich die durch Pausen getrennten Teile einer Strophe Elemente. In unserem Beispiel sind in Abb. 1 c zwei Elemente zu einer Strophe vereinigt. Zur nächsten Strophe — die wiederum wie die in Abb. 1 b aussehen würde — sind die Pausen größer als zwischen den Elementen. Die Strophe in Abb. 1 b besteht nur aus einem einzigen Element. Mehrere Strophen werden Gesang genannt. In unserer Terminologie lassen wir den Waldkauz genauso *singen* wie eine Amsel, da die Bedeutung der Stimmen beider Arten gleich ist.

Nachdem wir wissen, wie Dauer und Tonhöhe am Klangspektrogramm abzulesen sind, soll uns die Lautstärke beschäftigen. Während die Tonhöhe durch verschieden schnelles Schwingen der Luftteilchen verändert wird, ist die Lautstärke durch den Grad des Ausschlages der Luftteilchen bestimmt. Im Klangspektrogramm werden sehr laute Töne ganz schwarz und als breites Band abgebildet, leisere dagegen grau und schmal. Dazwischen gibt es alle Übergänge. Aus der Breite des Bandes läßt sich aber nur dann auf die Lautstärke schließen, wenn die Tonhöhe nahezu unverändert bleibt, denn je steiler die Tonhöhe ansteigt oder abfällt, desto schmaler wird das Band.

Jedes Element des Waldkauzgesanges setzt sich aus übereinanderliegenden Tonhöhenbändern zusammen, die verschieden laut sind. Sie zusammen ergeben die für diese Stimmen charakteristische Klangfarbe. Die Obertöne vieler Vogelstimmen sind so leise, daß der Klangspektrograph sie nicht aufzeichnet. Sie fehlen deshalb in vielen der folgenden Abbildungen.

Beobachten wir eine balzende Stockente oder lauschen wir einem singenden Waldkauz, sehen und hören wir immer nur einen Bruchteil des Verhaltens. Ist die Handlung abgelaufen, sind wir ganz auf unsere Erinnerung angewiesen, wenn wir den Vorgang rekonstruieren wollen. In der zeichnerischen Darstellung können wir sowohl Bewegung als auch Ton immer von neuem betrachten und vergleichen. Das ist der große Vorteil dieses Verfahrens.

Es soll aber auch gleich gesagt werden, was wir mit den Spektrogrammen nicht können. Selbst der Kundige im Lesen von Klangspektrogrammen wird sich den Klang nach einem Spektrogramm nur ungefähr vorstellen können. Zum Kennenlernen von Vogelstimmen sind die Aufzeichnungen allein nicht geeignet.

Um mit der Biologie der Lautäußerungen vertraut zu machen — und das ist das Anliegen dieses Büchleins —, ist es unerläßlich, das Grundprinzip der Klangspektrogramme zu erfassen. Deshalb soll nach einem kurzen Rückblick auf die Art, wie man früher Vogelstimmen dargestellt hat, das Lesen von Klangspektrogrammen an einem zweiten Beispiel erläutert werden: Jeder Spaziergänger kann in den Monaten März bis Juli an Waldrändern einen Vogel hören, der seine einfache Strophe ständig wiederholt. Es ist die Goldammer. Bevor es Tonbandgerät und Klangspektrograph gab, setzte man Vogelstimmen in Noten oder umschrieb sie mit Worten. Zur Veranschaulichung der Goldammerstrophe notierten die Vogelkundigen: „wie, wie, wie, wie, wie, wie, wie hab ich Dich lieb" (Abb. 2a). Gleicht man seine Stimme dem Rhythmus und der Klangfarbe der Goldammer so weit wie möglich an, eignet sich dieser Satz als Hilfe zum Wiedererkennen für den Anfänger der Vogelstimmenkunde, für mehr allerdings nicht.

Das Klangspektrogramm vom Goldammergesang mag mit seinen vielen Einzelheiten zunächst verwirren. Andererseits zeigt es klar, wie der Vogel zuerst zehnmal das gleiche Klanggebilde wiederholt und dann mit einem anderen langgezogenen Element seine Strophe schließt. Kann man nicht sicher unterscheiden, ob zwischen zwei Elementen eine Pause ist, sollen sie Doppelelement heißen. Die abgebildete Strophe der Goldammer besteht also aus zehn Doppelelementen (von „wie" bis „dich") und einem Element am Schluß („lieb"). Ein einzelnes Doppelelement ist sehr kurz, es dauert nur etwas mehr als 0,1 Sekunde. Wir nehmen die

zeitliche Zweiteilung der Doppelelemente nicht wahr; unser Ohr
ist dafür zu „träge". Die Goldammer vermag die Zweiteilung zu
hören, denn Vögel können in der Zeit mehr akustische Einzelheiten
erkennen als wir (s. S. 29). Wollen *wir* die Zweiteilung hören,
müssen wir uns den Gesang vom Tonband verlangsamt anhören.

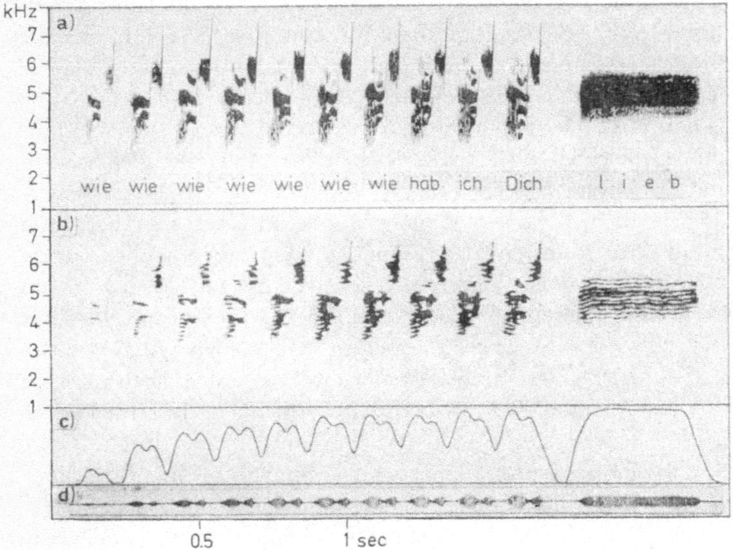

Abb. 2. Klangspektrogramm derselben Goldammerstrophe mit der Einstellung WEIT (a) und ENG (b), als Intensitätskurve (c) und als Oszillogramm

Während die Elemente des Waldkauzgesanges aus einfachen
übereinanderliegenden Frequenzbändern zusammengesetzt sind,
bestehen die zehn Doppelelemente der Goldammerstrophe aus
viel enger verzahnten Frequenzen mit erheblichen Tonsprüngen.
Am Ende jedes Doppelelementes steigt die Tonhöhe stark an. Die
Frequenzbänder des letzten Elementes liegen so dicht übereinander, daß sie in der Abbildung miteinander verschmelzen.

Klangspektrogramme lassen sich auf zwei verschiedene Weisen
herstellen. Mit der Einstellung *weit* (Abb. 2a) gibt es klarere, zeitlich besser abgegrenzte Bilder, die Einstellung *eng* zeigt die Tonhöhe genauer (b). Zeichnet man die Klangspektrogramme von
den Originalen ab, wie es hier häufig geschehen ist, gehen die

Feinheiten der Schwärzung meist verloren. Dennoch läßt sich der Lautstärkenverlauf aus den Spektrogrammen ungefähr ablesen, da sehr leise Anteile nicht oder nur ganz schwach abgebildet werden. Die Unvollständigkeit der ersten Doppelelemente im Klangspektrogramm läßt darauf schließen, daß die Goldammer ihre Strophe leise beginnt und dann lauter wird. Die Lautstärkenkurve (Abb. 2c) bestätigt diese Vermutung. Sie zeigt, daß die Doppelelemente zuerst sprunghaft und dann kontinuierlich lauter werden und das Schlußelement etwa gleich laut wie Nr. 10 („Dich") ist. Der Intensitätskurve ist jedoch noch mehr zu entnehmen: Das Schlußelement bleibt in der Lautstärke gleich, während der zweite Teil der Doppelelemente leiser ist als der erste.

Nachdem wir die Goldammerstrophe im Klangspektrogramm und in einer Intensitätskurve kennengelernt haben, wollen wir sie zum Schluß im Oszillogramm ansehen (Abb. 2d). Wie lange ein Klang dauert, lesen wir wiederum auf der Grundlinie ab. Je lauter er ist, um so weiter ist der Ausschlag nach beiden Seiten von der Grundlinie. Die Tonhöhe ist nicht direkt ablesbar, man muß sie aus dem Abstand der Einzelimpulse errechnen. Je schneller sie einander folgen, um so höher ist der Ton.

Oszillogramme und Klangspektrogramme sind in Abhandlungen über Tierstimmen am häufigsten zu sehen. Beide Darstellungsweisen sind darum noch einmal in einem Schema gegenübergestellt (Abb. 3a): Bei einer Tonhöhe von 200 Hz schwingt ein einzelnes Luftteilchen in der Sekunde 200mal hin und her, in einer zehntel Sekunde also 20mal. Ein Luftteilchen schwingt immer um den gleichen Punkt. Das direkt darzustellen wäre sinnlos, denn es gäbe nichts weiter als einen Strich. Zeichnet man jedoch eine Horizontale mit einer Zeitskala und trägt von links nach rechts fortlaufend den Abstand des vertikal schwingenden Luftteilchens auf, erhält man ein Oszillogramm, nur daß dieses nicht mit dem Zeichenstift, sondern mit einem Oszillographen hergestellt wird. Wo die Wellenlinie die horizontale Achse schneidet, ist das Luftteilchen am Ausgangspunkt. An den von der Achse entferntesten Stellen sind die Endpunkte der Bewegung. Ruhe- und Endpunkte miteinander verbunden ergeben die Wellenlinie. Im Klangspektrogramm erscheint ein Ton gleicher Höhe und Lautstärke in einem horizontalen gleich geschwärzten Balken.

In Abb. 3 b ist die Tonhöhe unverändert 200 Hz, während die Lautstärke mit 20 Hz moduliert ist. Dabei schwillt der Ton im Verlauf von einer zwanzigstel Sekunde einmal an und ab, in unserem Fall um 50%, denn an den lautstärksten Stellen ist die Modulationskurve im Oszillogramm genau doppelt so weit von der horizontalen Stelle entfernt wie an den lautschwächsten. Im Spektrogramm läßt sich die Lautstärke nur relativ feststellen; der Balken wird an den leisen Stellen heller, an den lauten dunkler.

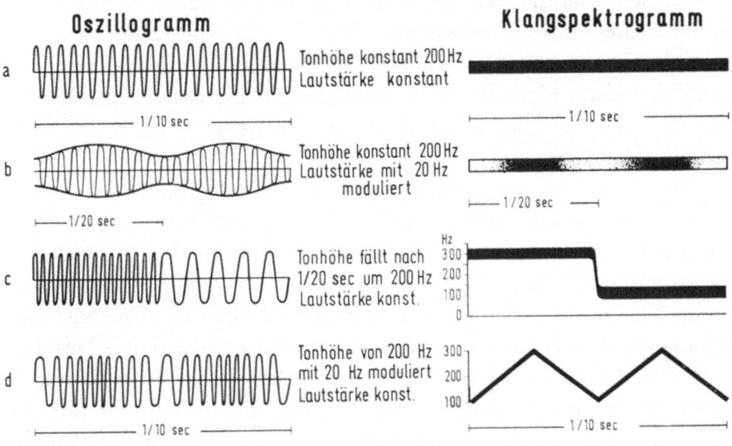

Abb. 3. Vier „Töne" als Oszillogramm und Klangspektrogramm (schematisch)

Der Ton in Abb. 3c liegt zunächst genau bei 300 Hz und fällt nach einer zwanzigstel Sekunde plötzlich auf 200 Hz. Auf dieser Tonhöhe bleibt er. Dementsprechend sind im Oszillogramm in der ersten Hälfte 15 Schwingungen und in der zweiten Hälfte 5 Schwingungen in einer zwanzigstel Sekunde abgebildet. Im Spektrogramm wird bei geringerer Tonhöhe der Abstand zur x-Achse kürzer.

In Abb. 3d bleibt die Tonhöhe nicht konstant. Sie schwankt nach oben und unten um je 100 Hz, und zwar in einer Sekunde 20mal, in einer zehntel Sekunde 2mal. Das sind die 2 Zacken im Spektrogramm. Eine zehntel Sekunde ergibt im Oszillogramm 20 Schwingungen. Sie beginnen langsam, werden kontinuierlich schneller, langsamer, schneller und wieder langsamer. An der Zahl

7

der Schwingungen ist die Trägerfrequenz errechenbar: 20 Schwingungen in einer zehntel Sekunde ergeben 200 in der Sekunde (= 200 Hz). In der Fachsprache heißt der Tonhöhenverlauf in d: Die Trägerfrequenz 200 Hz ist mit 20 Hz moduliert.

Da Schwankungen der Tonhöhe, wie sie in Abb. 3d dargestellt sind, bei Vogelstimmen häufig vorkommen, soll hier auf eine mögliche falsche Deutung der Spektrogramme hingewiesen werden. Aus Abb. 2 ist nicht ersichtlich, ob das Element „lieb“ aus einer Zickzacklinie wie die in Abb. 3 besteht oder aus eng übereinanderliegenden Tonbändern. Die Einstellung weit (Abb. 2a) spricht für die erste, die Einstellung eng (b) für die zweite. Entscheiden kann hier nur das Oszillogramm. Ergibt es ein Bild wie in Abb. 3d, ist die Tonhöhe moduliert. Damit trifft die erste Möglichkeit zu.

Da Klangspektrogramme von allen Darstellungsweisen am meisten aussagen, werden sie zur Sichtbarmachung von Vogelstimmen am häufigsten verwendet. Anders ist es mit Insektenstimmen; bei ihnen kommt es vor allem auf den Rhythmus und zum Teil auch auf die Lautstärke an. Trotz der Vorteile, die Klangspektrogramme in ihrer Anschaulichkeit bieten, erlebe ich es oft, daß gerade gute Kenner von Vogelstimmen ihnen skeptisch gegenüberstehen. Das liegt jedoch einzig daran, daß wir uns die Vogelstimmen nach unserem Gehöreindruck einfacher vorstellen, als sie sind. Verlangsamt man die auf Tonband aufgenommenen Stimmen, lassen sie sich trotz der Verzerrung viel besser mit den Spektrogrammen vergleichen. Man hört dann tatsächlich Einzelheiten, die man zuvor für Artefakte des Apparates gehalten hatte.

2. Die Schallquellen

Die Art und Weise, wie Tiere Lautäußerungen hervorbringen, ist überraschend vielgestaltig. Höckerschwäne fliegen Rivalen dicht über dem Wasser an und schlagen kräftig mit den Füßen auf die Wasseroberfläche. Ein balzfliegender Ringeltäuber steigt von seiner Singwarte mit schnellen Flügelschlägen schräg nach oben, klatscht die Flügel zusammen und gleitet wieder abwärts. Derselbe Vorgang kann sich wiederholen, bis er auf einem anderen

Baum landet (Abb. 4). Der Felsentäuber, der Stammvater unserer Haustaube, macht in ähnlicher Weise während der Balz auf sich aufmerksam. Nur steigt er nicht schräg in die Luft, sondern bleibt auf gleicher Höhe (Abb. 4).

Der Weißstorch klappert sowohl bei der Begrüßung seines Partners als auch gegenüber Rivalen mit dem Schnabel (Abb. 5).

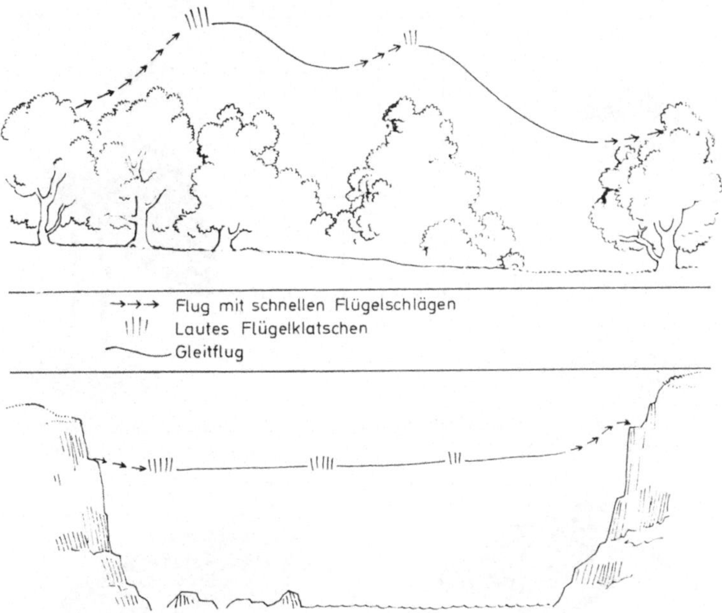

Abb. 4. Balzflug der Ringeltaube (oben) und der Felsentaube (unten). Nach Goodwin 1967

Diese Klapperstrophen, die von einem Zischen eingeleitet werden können, unterscheiden sich nicht. Aggressives Klappern wird jedoch von „pumpenden" Auf- und Abbewegungen der Flügel begleitet, das dem Begrüßungsklappern fehlt.

Viele Vögel knappen mit dem Schnabel, wenn sie in die Enge getrieben werden. Bei Trauerschnäppern entsteht das Geräusch aber schon, bevor sich die beiden Schnabelhälften berühren. Die Schallquelle muß also woanders, vielleicht im Kiefergelenk liegen (Curio, 1959). Der zu den Schmuckvögeln gehörende *Manacus*

manacus landet während der Balz mit einem kräftigen Fußaufschlag und macht damit auf sich aufmerksam (Sick, 1959).

Vielen Arten muß der umgebende Luftstrom helfen, bestimmte Laute hervorzubringen. Altbekannt sind die Fluggeräusche der Entenvögel, das Wuchteln der Kiebitze und das Meckern der Bekassine, die davon ihren volkstümlichen Namen „Himmels-

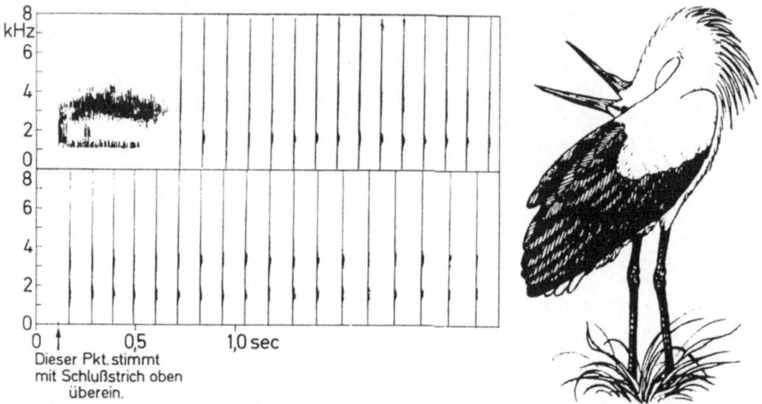

Abb. 5. Klappern des Weißstorchs, das mit einem Zischen eingeleitet wird, und eine der Haltungen dabei. Rechter Teil nach Bauer und Glutz 1966

Abb. 6. Unsere Waldschnepfe (rechts) und die Amerikanische Waldschnepfe (links). Darunter ihre Flügel. Die äußeren Handschwingen der Amerikanischen Waldschnepfe sind zu Schallschwingen umgewandelt. Nach Sheldon 1967

ziege" bekommen hat. Diese im Fluge erzeugten Geräusche entstehen entweder allein durch den bewegten Flügel (einige Schwäne und Enten), durch verlängerte und verbreiterte Federn wie beim männlichen Kiebitz oder besonders geformte Federn (Abb. 6). Die Bekassine meckert mit ihren äußeren Schwanzfedern, die von den benachbarten so weit abgespreizt werden können (Abb. 7), daß sie beim Schrägabwärtsstürzen in Schwingungen geraten. Sie sind dafür im Schaft besonders versteift,

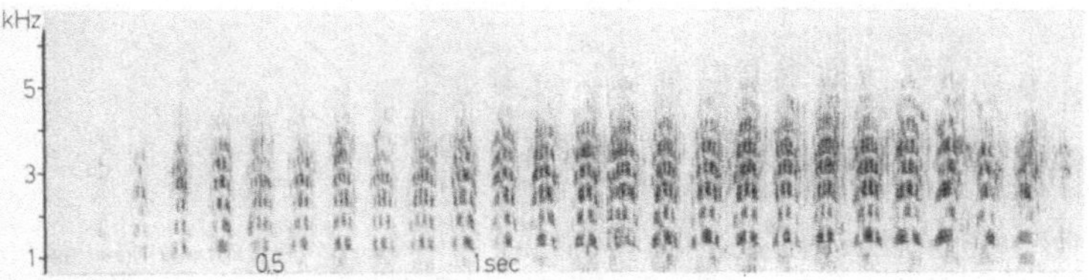

Abb. 7. Meckern der Bekassine und die Haltung dabei. Die äußeren Schwanzfedern sind abgespreizt. Sie geraten beim Schrägabwärtsstürzen in Schwingungen, die durch Flügelzucken 11mal in der Sekunde unterbrochen werden. Rechts oben nach Kirby et al.

und ihre feinen Federstrahlen sind stärker verzahnt. Diesen besonderen Bau finden wir sogar an der Innenfahne der äußeren Schwanzfeder, obwohl die Innenfahnen sonst sehr weich sind, weil sie als Polster für die nächste darüberliegende Außenfahne dienen. Außerdem ist die Innenfahne verbreitert und der Schaft gekrümmt (Abb. 8). Der Luftstrom, der auf die äußeren Schwanzfedern der Bekassine trifft, wird durch ihr Flügelzucken etwa 11mal in der Sekunde unterbrochen. Dadurch wird der gleichmäßig summende Ton 11mal unterteilt (Abb. 7).

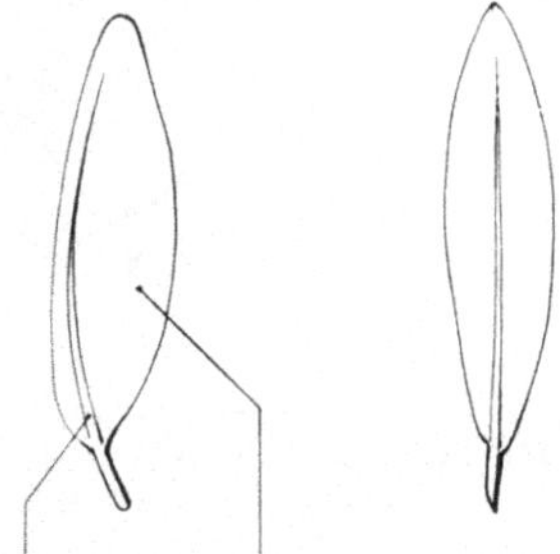

Abb. 8. Äußere Schwanzfeder der Bekassine (Schwirrfeder) und mittlere Schwanzfeder. Die Schwirrfeder hat einen gekrümmten Schaft und eine verbreiterte Innenfahne. Nach Bahr in Stresemann 1927—1934

Einzigartig im Tierreich ist das Verfahren, wie Spechte trommeln. Sie suchen sich dazu ein Instrument. Die Spechte trommeln zur Brutzeit regelmäßig an bestimmten Stellen, die besonders gut in Schwingungen zu bringen sind. Der Kundige kann allein nach

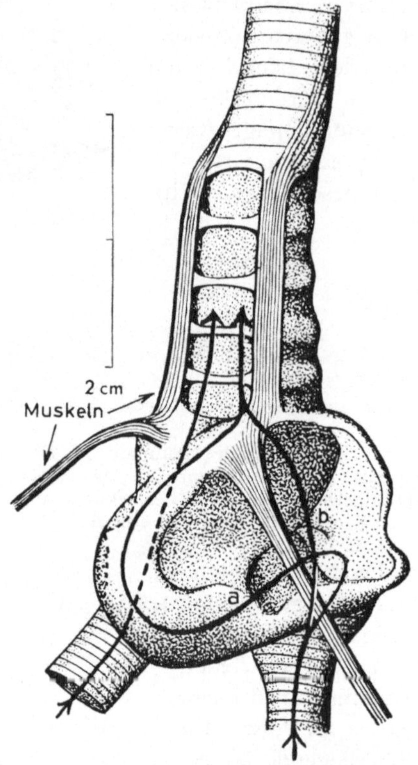

Abb. 9. Der Stimmapparat der Eisente ist zu einer „Trommel" verknöchert. Die Pfeile geben den Weg der Luft an, die von den Bronchien in die Luftröhre strömt. Nach Rüppell 1932, verändert

dem akustischen Eindruck eines Trommelwirbels die Art bestimmen, da jede Art ihr eigenes Trommelmuster hat.

Die bisher behandelten Geräusche werden Instrumentallaute genannt. Ihnen werden die im unteren Kehlkopf, der Syrinx, erzeugten Stimmen gegenübergestellt. Von uns selbst und allen anderen Säugetieren ist uns bekannt, daß die meisten Lautäuße-

rungen mit dem oberen Kehlkopf, dem Larynx, hervorgebracht
werden. Die Syrinx liegt im Innern des Vogelkörpers, und zwar
dort, wo sich die Luftröhre in die beiden Bronchien aufgabelt.
In diesem Bereich sind die Knorpelringe der Bronchien und oft
auch die der Luftröhre verkürzt, verbreitert oder in anderer Weise

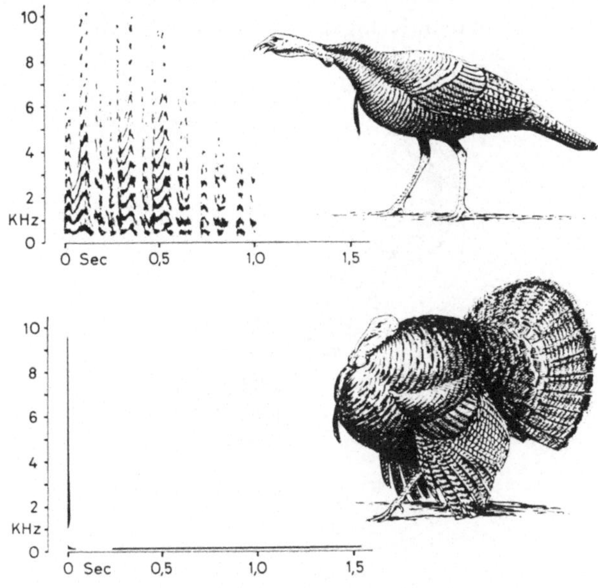

Abb. 10. Der Truthahn muß beim Kollern (oben) und wenn er *pfum* ruft (unten) die daneben abgebildeten Zwangshaltungen einnehmen. In Wirklichkeit
handelt es sich nicht um Haltungen, sondern um Bewegungen, die jeweils bei
0,5 sec vom Zeichner festgehalten wurden. Dem Laut *pfum* geht ein kurzes Zischen voraus, das im Spektrogramm als senkrechter Strich erscheint. Nach
Schleidt 1964

verändert. Bei manchen Arten ist die Syrinx zu einer Knochen-
trommel geworden, zu der mehrere Ringe miteinander verschmol-
zen sind. Wir finden derartige Ausbildungen zum Beispiel bei
Enten (Abb. 9). Arten mit solchen auffälligen Veränderungen im
Stimmapparat verfügen nur über wenig variable Lautäußerungen.
Diese Vögel müssen häufig „Zwangsstellungen" einnehmen, um
überhaupt einen bestimmten Laut hervorbringen zu können, wie
der Truthahn beim Kollern und wenn er *pfum* ruft (Abb. 10).

13

Der Klang entsteht in der Syrinx an den Paukenhäuten, Membranae tympaniformes genannt, die bei der Silbermöwe und vielen anderen Arten in der Nähe der Stelle sitzen, wo die beiden Hauptbronchien zusammentreffen. Die Paukenhäute werden durch Muskeln gespannt, die an der Luftröhre ansetzen. Bei der Silbermöwe sind es zwei Paare. Die Singvögel haben sieben bis neun Paare. Viele Muskeln an dem Klangapparat sind ein Anzeichen für einen

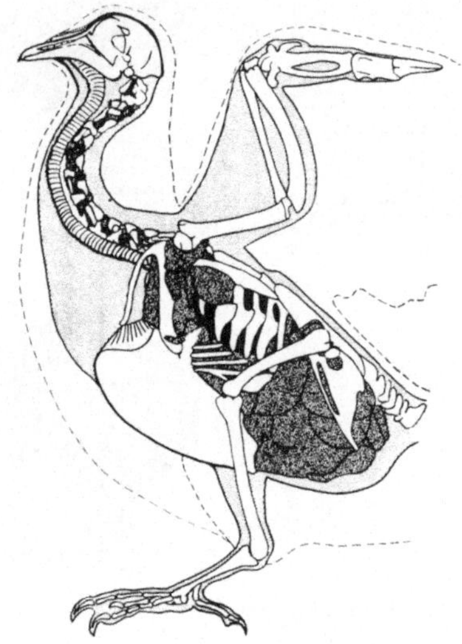

Abb. 11. Luftsäcke der Haustaube (punktiert). Lunge schwarz, Fleisch schraffiert, Knochen weiß. Nach B. Müller in Berndt/Meise 1959

reichen Stimmenschatz. Allerdings kommen die stimmlich hochbegabten Papageien mit drei Paaren aus.

Um die weiteren Voraussetzungen der Klangerzeugung zu verstehen, müssen wir ein wenig Anatomie betreiben. Große Teile des Vogelkörpers sind mit Luftsäcken durchsetzt, die bis in die hohlen Oberarmknochen und das Brustbein reichen (Abb. 11). Die Luftsäcke sind feine häutige Gebilde, die dehnbar sind und über die Lunge mit der Außenluft in Verbindung stehen. Zu ihren Aufgaben gehört eine gute Ausnutzung der Atemluft. Einer der Luftsäcke umgibt die Syrinx. Rüppell (1933) zeigte mit einem einfachen Versuch, daß die Luftsäcke auch bei der Lauterzeugung

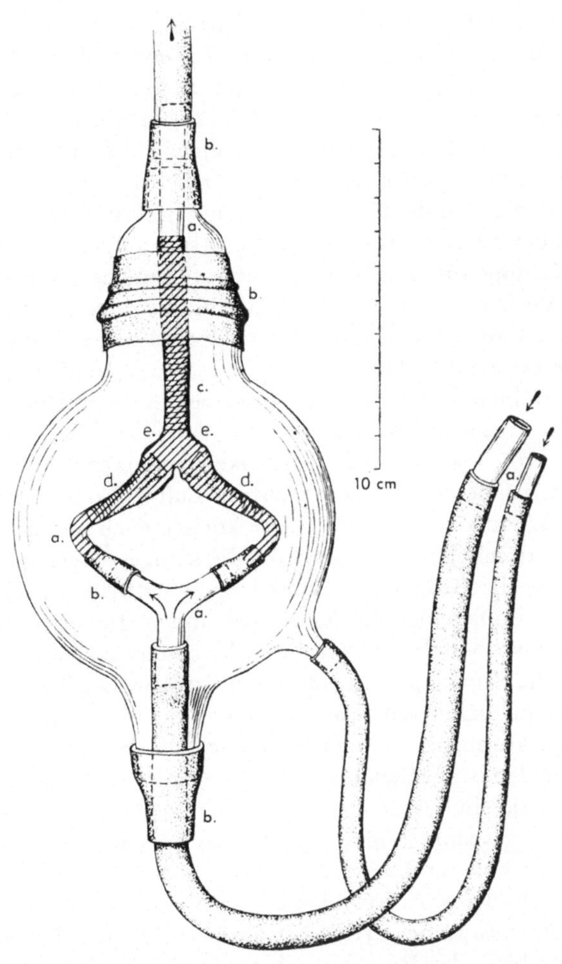

Abb. 12. Stimmapparat der Silbermöwe in einer Glaskammer: a Glasröhren, b Gummiverschlüsse, c Luftröhre, d Bronchien, e Syrinx. Nach Rüppell 1933, verändert

von großer Bedeutung sind. Wie aus der Abb. 12 zu ersehen ist, spannte er die Syrinx einer Silbermöwe zusammen mit der Luftröhre und den Bronchien in eine Glaskammer, deren Luftdruck durch einen Schlauch variierbar war. Schickte er einen Luftstrom durch die Bronchien, gerieten die Paukenhäute mit der ganzen

Syrinx, der untere Abschnitt der Luftröhre und der obere der
Bronchien in starke Schwingungen. Es entstand ein kräftiger
Klang, jedoch nur, wenn gleichzeitig in der Glaskammer der Luftdruck erhöht wurde. War in der Glaskammer kein Überdruck,
wölbten sich die Paukenmembranen, ohne jedoch einen Klang zu
erzeugen. Aus diesen und anderen Versuchen geht hervor, daß
den Paukenhäuten die für eine Schwingung notwendige Elastizität von dem die Syrinx umgebenden Luftsack aufgezwungen wird.

Eine Gruppe amerikanischer Forscher (Chamberlain u. a., 1968)
hat das Verfahren wesentlich vereinfacht. Sie öffneten toten Krähen einen Luftsack und saugten von der Luftröhre her Luft an.
Dadurch entstand in der Syrinx ein Unterdruck, die Paukenmembranen wölbten sich nach innen, und der Luftstrom brachte sie
zum Schwingen und Klingen.

Bei älteren Gänsen sind die Paukenmembranen so fest eingespannt, daß der die Syrinx umgebende Luftdruck nur auf Klangfarbe und Tonhöhe einwirkt. Gänse können auch mit einem ver-
letzten Luftsack laut rufen. Obwohl die klangerzeugenden Membranen wie die Häute einer Pauke eingespannt sind, arbeiten sie
nach dem Prinzip der Zungenpfeifen, indem sie einen stetigen
Luftstrom periodisch unterbrechen oder abschwächen. Ganz ähnlich sind die Zungenpfeifen einer Orgel gebaut. Die Tonhöhe des
in der Syrinx erzeugten Klanges hängt sowohl von dem Druck
des Luftsackes ab, der sie umgibt, als auch von der Stärke des Luftstromes in den Bronchien. Das ist leicht einzusehen, denn je höher
der Druck des Luftsackes ist, um so stärker werden die Paukenmembranen gespannt, und um so schneller schwingen sie. Dadurch
entsteht ein höherer Ton, denn wie wir wissen, ist die Tonhöhe
von der Zahl der Schwingungen in der Zeit abhängig. Die Stärke
des Luftstromes in der Syrinx beeinflußt aber auch den Schwin-
gungsausschlag der Paukenmembran sowie den Schwingungs-
bereich um die Membran und damit die Lautstärke des Klanges.

Im oberen Kehlkopf, dem Larynx, entstehen bei den meisten
Vögeln gar keine Geräusche, bei einigen jedoch Zischlaute; beim
Weißstorch kann das Klappern durch solch einen Zischlaut ein-
geleitet werden (vgl. Abb. 5).

Für die Lautäußerungen, so wie sie der Vogel hervorbringt,
sind jedoch nicht nur die bisher besprochenen Baueigentümlich-

keiten des Körpers verantwortlich. Wir hörten bereits, daß der Klangapparat der Vögel nach dem Prinzip von Zungenpfeifen arbeitet, und so wie entsprechende Musikinstrumente ein Windrohr und ein Ansatzrohr haben, müssen wir im Vogelkörper nach Vergleichbarem suchen. Johannes Müller hat dazu schon vor über 100 Jahren Versuche angestellt. Er fand in den Bronchien das Windrohr und in der Luftröhre und dem Mundraum das Ansatzrohr. Nachdem die Luft in der Syrinx durch die Paukenmembran und deren Umgebung in Schwingung gekommen ist, klingt der Eigenton um so schneller ab, je stärker die Dämpfung ist. Abgesehen von der Eigendämpfung der Luft wirken glatte Flächen wenig, rauhe stark dämpfend. Eine starke Dämpfung vergrößert den Eigentonbereich eines Tones, der primär aus einer Tonhöhe besteht.

In der Syrinx der Vögel dürften in den seltensten Fällen „reine" Töne entstehen (vgl. S. 3). Es ist vielmehr ein Gemisch verschiedener Frequenzen, die im Ansatzrohr auch unterschiedlich gedämpft werden. Die Luft in der Luftröhre wird von der Schallquelle, den Paukenmembranen, zum Mitschwingen gezwungen. Man spricht dann von einer Koppelung. Die zum Mitschwingen gebrachte Luft wirkt jedoch ihrerseits auf die Paukenmembranen anregend; so entsteht eine Rückkoppelung. Die gegenseitige Beeinflussung in Form einer Verstärkung ist um so größer, je besser der Eigentonbereich der Paukenmembran und der Luftröhre übereinstimmen. Die Länge des Ansatzrohres — in unserem Fall also die Länge der Luftröhre — ist somit entscheidend für die Lautstärke, die Tonhöhe und die Klangfarbe.

Entsprechend der Vielfalt der Stimmen haben die Vögel recht unterschiedliche Luftröhrenlängen und -formen. Mitunter ist die Luftröhre stark verlängert, so bei dem Paradiesvogel *Phonygammus keraudrenii*, der die Größe einer Misteldrossel hat. Obwohl bei ihm Larynx und Syrinx nur 8—9 cm auseinanderliegen, ist die Luftröhre 50 cm lang (Abb. 13). Wie dadurch die sehr laute Stimme des Vogels beeinflußt wird, wissen wir im einzelnen jedoch nicht.

Ähnlich wie das Ansatzrohr wirkt bei einer Zungenpfeife das Windrohr — bei den Vögeln die Bronchien — auf den Klangcharakter ein. Der Luftsack um die Syrinx dient als Resonanz-

raum. Wieweit dies außerdem für den ganzen Vogelkörper gilt,
ist ungewiß. Manche Arten haben besondere Resonanzräume ausgebildet, etwa in Anhängen der Luftröhre und aufblähbaren Teilen der Speiseröhre. Der Storch schafft sich beim Klappern durch
das Aufblähen der Kehlhaut einen Resonanzraum (vgl. Abb. 5).

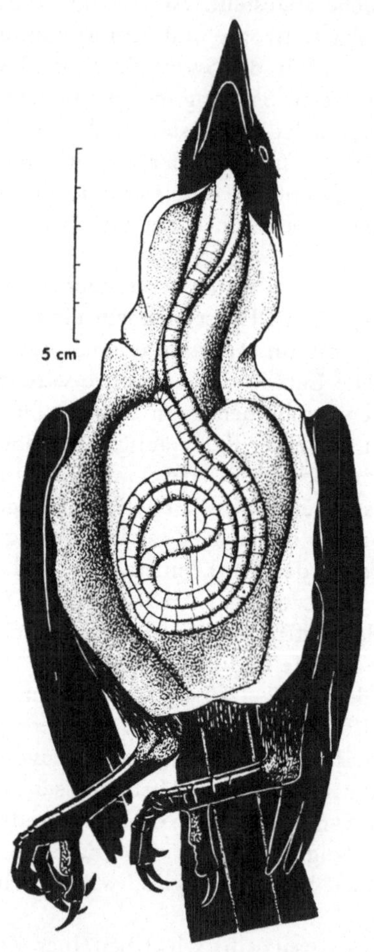

Abb. 13. Das ♂ des Paradiesvogels *Phonygammus keraudrenii* hat eine stark verlängerte Luftröhre. Davon wird die Stimme beeinflußt. Nach Rüppell 1933

Vor dem Austritt des Schalles aus dem Vogelschnabel wird er noch
einmal an dem Larynx und im Rachenmundraum verändert und
endlich bei geöffnetem Schnabel mit der Wirkung eines Schall-
trichters verstärkt.

Wir haben gehört, wie vielfältig ein Laut im Vogel beeinflußt
wird, bevor er endgültig ausgeprägt ist. Wesentlich sind Luftsack-
druck, Elastizität der Paukenmembran und die Spannung der Membran durch Muskeln. In enger Wechselwirkung stehen die Schwingungen der Paukenmembran, der Luftröhre und der Bronchien.
Endlich spielen besondere Resonanzräume, die Durchlaßgröße
des Larynx und die Form der Membran eine Rolle. Damit haben
wir die Schallerzeugung im Innern des Vogels kennengelernt.

Die gründlichen Untersuchungen Rüppells waren ihrer Zeit
weit voraus, denn 35 Jahre lang haben wir nichts Wesentliches
hinzugelernt. Erst in den letzten Jahren wagten sich einige Forscher erneut an schwierige, noch unbeantwortete Fragen heran.
Einer von ihnen, der Amerikaner Stein, soll im nächsten Kapitel
mit seinen Ansichten kurz zu Wort kommen.

3. Offene Fragen der Klangerzeugung

Stein stellte sich die Frage, wie ein Singvogel sehr schnelle Tonhöhenschwankungen produziert, die im Spektrogramm als Zickzacklinien erscheinen.

Die Trägerfrequenzen solcher Zickzacklinien sind bei Singvögeln recht hoch. Stein ermittelte sie mit 3,2—8,4 kHz. Die
Modulationsfrequenz liegt dagegen bei 90—300 Hz (also bei
90—300 Zacken in der Sekunde). Es gibt verschiedene Möglichkeiten, eine so hohe Trägerfrequenz zu erzeugen. Eine wäre, eine
möglichst dünne Haut zu verwenden. Da die innere Paukenmembran der dünnste Teil der Syrinx ist, erzeugt sie wahrscheinlich die Trägerfrequenz, während die dickeren und massigeren
äußeren Paukenhäute und äußeren Lippen die Tonhöhe modu-
lieren (Abb. 14). Da linke und rechte innere Paukenhaut nicht miteinander verbunden sind, könnten beide Trägerfrequenzen erzeugen, also unabhängig voneinander zweistimmig „singen". Ton-
höhen- und Lautstärkenmodulation sind bei allen untersuchten

Lauten miteinander korreliert, indem die höchsten Anteile am lautesten sind. Dieses Zusammenspiel wird vermutlich von derselben Stelle herbeigeführt. Steins Überlegungen sind zwar bisher nicht bewiesen, sie werden aber durch Versuche mit elektronisch erzeugten Tönen gestützt.

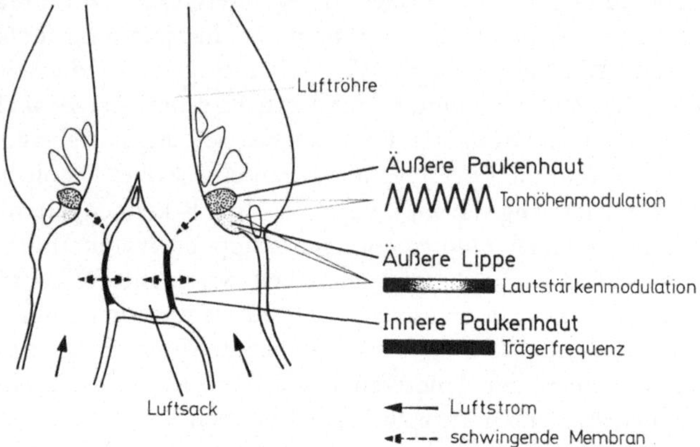

Abb. 14. Längsschnitt durch die Syrinx eines Singvogels. Mit Angabe der Orte, wo wahrscheinlich Trägerfrequenz, Tonhöhenmodulationen und Lautstärkenmodulation erzeugt werden. Nach Stein 1968, verändert

Oft sind die Lautäußerungen der Vögel sehr kompliziert. Das zeigt ein Blick auf eine Amselstrophe (Abb. 15). Im Schlußtriller setzt sie verhältnismäßig tief ein (a). Ihre Stimme steigt dann in einer hundertstel Sekunde um fast 3000 Hz, setzt die Hälfte einer hundertstel Sekunde aus und beginnt wieder um fast 3000 Hz tiefer (b). Das wiederholt sich noch zweimal ohne Unterbrechung, so daß im Spektrogramm eine Zickzacklinie entsteht, deren Ton-

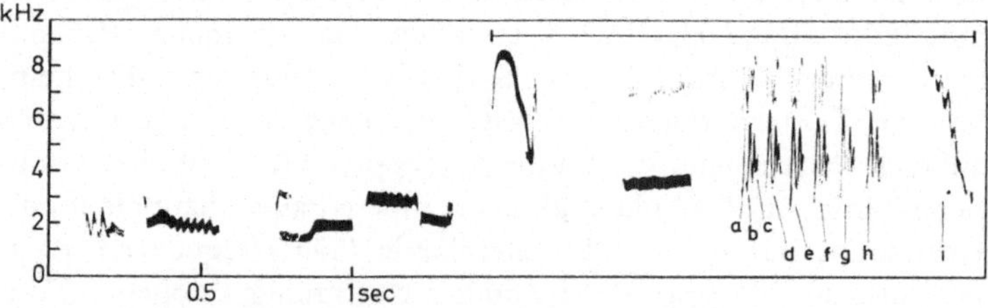

Abb. 15. Strophe einer Amsel. Der letzte Teil (a—i) ist sehr kompliziert

höhenbereich enger wird. Mit geringen Abwandlungen bringt die
Amsel ihre „Triller" sechsmal. Die sechs Triller nehmen noch
keine halbe Sekunde ein. Das sich daran anschließende Schlußelement beginnt bei 8500 Hz und fällt in 0,15 Sekunden in Wellen-
linien unter 3000 Hz, und das ist nicht etwa ein Zufall, vielmehr
vollzieht dasselbe Amselmännchen die gleiche Artistik im Laufe
eines Tages viele Male mit unwahrscheinlicher Präzision und be-
hält die Strophe sogar über Jahre. Damit nicht genug, kann ein

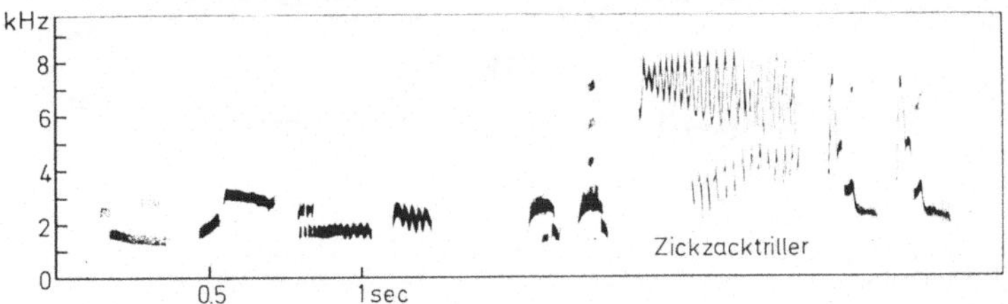

Abb. 16. Strophe derselben Amsel wie in Abb. 14. Der Zickzack-Triller ist
zweistimmig

Amselmännchen über 100 verschiedene Strophen verfügen mit
mehr als 300 Elementen (Todt, 1968). Vergleichen wir die auf-
gezeigte Mannigfaltigkeit, Präzision und Kompliziertheit mit dem,
was wir über die Klangerzeugung in der Syrinx wissen, wird
unsere Unwissenheit offenkundig. Im vorigen Abschnitt wurde
eine Möglichkeit aufgezeigt, wie Vögel gleichzeitig Verschiedenes
singen, zum Beispiel dasselbe Amselmännchen, von dem wir schon
die Strophen in Abb. 15 kennen. Die beiden Zickzacktriller in
Abb. 16 bewegen sich aufeinander zu. Der obere Triller ist also
kein „Oberton" des unteren. Wäre dies der Fall, müßte er in der
Tonhöhe ebenfalls ansteigen. Immerhin handelt es sich in unserem
Amselbeispiel um Ähnliches, das gleichzeitig hervorgebracht wird.
Der gepreßte Gesang der Kohlmeise, der im zeitigen Frühjahr zu
hören ist, lehrt uns jedoch, daß diese Art zur selben Zeit völlig
Verschiedenes singen kann (Abb. 17). Derselbe Vogel vermag
sogar gleichzeitig vier in vier verschiedene Richtungen verlaufende
Tonbänder zu einem Klang zu formen. Wie er das macht, wissen
wir nicht.

Ein anderes ungelöstes Problem betrifft das Zusammenspiel
von Lauterzeugung und Atmung. So ist es rätselhaft, wie ein

Feldschwirl bis zu 15 Minuten ohne größere Pause singen kann,
und zwar in der rasenden Geschwindigkeit von 54 Elementen pro
Sekunde. Daß er dabei ein- und ausatmen muß, bedarf keiner
Erörterung. Wie er jedoch den Luftstrom in der Syrinx und den
Druck in den Luftsäcken um die Syrinx konstant hält, ist „sein
Geheimnis".

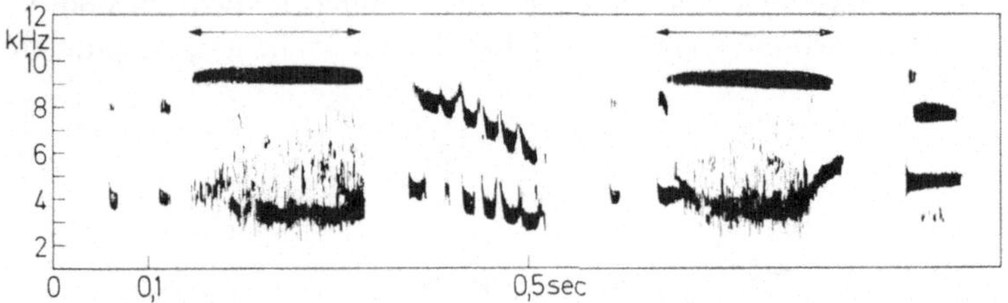

Abb. 17. Gepreßt klingender Gesang der Kohlmeise (Ende einer Strophe). An
den mit einem Doppelpfeil gekennzeichneten Stellen singt der Vogel zur gleichen Zeit etwas ganz verschiedenes. Das Verhältnis der Tonhöhenskala zur
Zeitskala ist in diesem Bild anders als bei allen übrigen

4. Das Vogelohr und seine Leistungen

Im allgemeinen ist am Kopf eines Vogels keine Ohröffnung zu
sehen. Sie ist mit Federn verdeckt, die weitstrahlig und wenig
verzahnt sind (Abb. 18). Mit dieser Bauweise schützen sie die
dahinterliegenden empfindlichen Teile während des Fluges vor
Luftströmungen und Fremdstoffen, lassen den Schall aber relativ
ungehindert hindurch. Versuche von Iljitschew und Iswekowa
(1963) haben gezeigt, daß verrutschte Federn über den Ohr-
öffnungen die akustische Durchlässigkeit stark beeinträchtigen.
So hat sogar die Mauser der das Ohr bedeckenden Federn ihre
Besonderheiten. Sie dauert viel länger als die Mauser der übrigen
Kopffedern, so daß vor dem Ohr immer Federn vorhanden sind,
die voll funktionstüchtig sind.

Viele Vögel können die Federn am hinteren Ohrrand etwas auf-
richten. Die damit verbundene Schalltrichterwirkung wird durch
den engstrahligen Bau der dortigen Federn noch verstärkt (Abb. 18).
Die Eulen haben an den hinteren und häufig auch an den vorderen
Ohrrändern bewegliche Hautfalten, die sie willkürlich bewegen
können. Damit können sie sowohl die Ohröffnung schließen als

auch senkrecht zur Schallquelle stellen. Die Hautfalten fangen dann den Schall in einem Trichter auf, genauso wie es die Ohren einer Katze oder unsere eigenen tun. Die Gehöröffnungen sind bei einigen nachtaktiven Eulenarten asymmetrisch (Abb. 19), beim Rauhfußkauz sogar die dazugehörigen Knochen. Wahrscheinlich wird dadurch die Richtungsbestimmung einer Schallquelle verbessert.

Abb. 18. Links Federn des Gimpels vom hinteren Ohrrand (Schalltrichter), vom Scheitel (normale Feder) und vor dem Ohr (schalldurchlässig), rund fünfmal vergrößert. Nach Schwartzkopff 1955

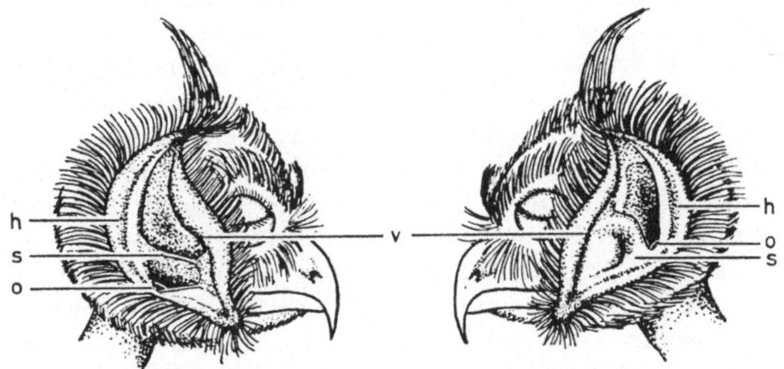

Abb. 19. Asymmetrie der äußeren Ohröffnung bei der Waldohreule; h, v hintere und vordere Ohrklappe, o Ohreingang, s Steg (Bindegewebsfalte). Nach Schwartzkopff 1965

Am Ende des Gehörganges sitzt das Trommelfell, mit dem der Gehörknochen verwachsen ist (Abb. 20). Er besteht bei den Vögeln aus einem Teil, beim Menschen aus dreien — Hammer, Amboß, Steigbügel. Elastische Fortsätze und eine Sehne geben dem Gehörknochen die notwendige Führung bei seinen stempelartigen Bewegungen. Die Fußplatte des Gehörknochens schließt

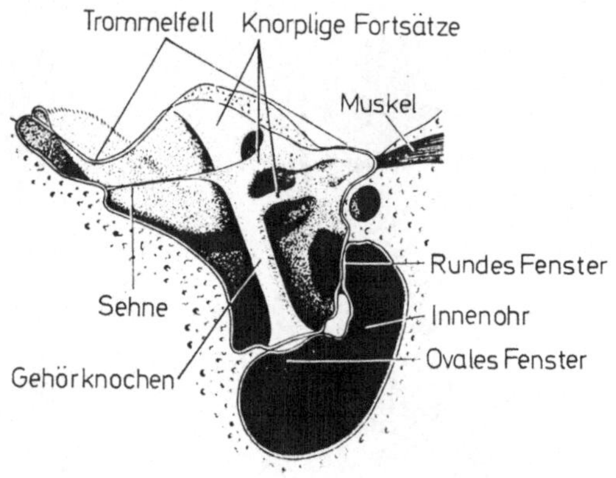

Abb. 20. Ohr des Haushuhns. Nach Pohlmann in Berndt/Meise 1959, verändert

das ovale Fenster zum Innenohr hin ab. Das Innenohr, die sogenannte Cochlea, ist mit Lymphe gefüllt. Dieser Teil des Ohres heißt nach seinem Bau beim Menschen Schnecke. Die Vögel haben keine schneckenförmige, sondern nur eine leicht gekrümmte Cochlea. In der Cochlea liegen die Schallsinnesorgane. Der Schalldruck, der durch die Schwingungen der Luftteilchen entsteht, wird vom Trommelfell aufgefangen und über den Gehörknochen durch das ovale Fenster auf die Flüssigkeit im Innenohr übertragen. Das runde Fenster dient dabei zum Druckausgleich. Da das Trommelfell eine größere Fläche einnimmt als das ovale Fenster, wird der aufgefangene Druck erhöht. Das ist nötig, um u. a. die gegenüber der Luft stärkere Dämpfung im flüssigkeitsgefüllten Innenohr auszugleichen. Die Druckverstärkung ist ein Maß für die Leistungsfähigkeit des Gehörs.

Sowohl die Maße als auch die Masse unserer Gehörknochen sind keine Laune der Natur, sondern genauso, wie sie für eine unverzerrte Schallübertragung gebraucht werden. Um so erstaunlicher ist es, daß das Vogelohr bei gleicher, zum Teil sogar besserer Leistung einfacher gebaut ist. Das gilt nicht nur für den Schallleitungsapparat, sondern auch für das Innenohr. Über die Aufnahme und die Weitergabe der Reize in den Sinneszellen der Cochlea wissen wir bei Vögeln im Gegensatz zu uns selbst recht wenig.

Der Hörumfang der Vögel und damit auch ihre Stimme entspricht etwa unserem eigenen. Das ist der Grund, weshalb Vogelstimmen schon seit langem ein beliebtes Forschungsobjekt sind. Liegen die ausgesandten Signale einer Tierart völlig außerhalb unseres Wahrnehmungsvermögens, wie viele Fledermausstimmen oder Insektenduftstoffe, oder werden sie auch nur in einem anderen Medium ausgestrahlt, wie die Fischlaute, ist uns ihre bloße Kenntnis lange Zeit verschlossen geblieben. So konnte es zu der ganz irrigen Ansicht kommen, daß Fische stumm seien.

Die tiefsten Töne, die ein Vogel wahrnehmen kann, liegen bei etwa 40 Hz und beim Menschen bei 16 Hz. Die obere Grenze erreichen die meisten Vögel, wie wir auch, bei 10000—20000 Hz. Einige Arten hören noch 30000 Hz, wenn der Schall laut genug ist.

Ein Gimpel kann in einem Bereich von unter 100—25000 Hz hören. Sein Ohr ist für *die* Tonhöhen am leichtesten ansprechbar, die ihm besonders wichtige biologische Informationen liefern. Aus der Abb. 21 ist zu entnehmen, daß dies u. a. der Gesang und einige Laute sind. Obwohl die Punkte in der Hörkurve recht weit auseinanderliegen, stimmen sie mit den Befunden der Klanganalyse gut überein. In Anpassung an die von ihrer Beute ausgehenden Geräusche liegt die größte Empfindlichkeit mancher Eulenarten um 6000 Hz. Während die Empfindlichkeit des Vogelohres der des Menschen weitgehend entspricht, übertreffen uns die nächtlich jagenden Eulenarten mit der Präzision ihrer Richtungs- und Entfernungsbestimmung, wie auch in der Empfindlichkeit. Ein Rauhfußkauz vermag eine Maus auf etwa 70 m akustisch zu orten (Kuhk, 1966).

Die wenigsten Leute kennen die Schleiereule, die jede Nacht über ihr Haus fliegt, wenn sie von ihren Jungen auf dem Kirchenboden kommt, um auf den Feldern und Wiesen Mäuse, Ratten und Spitzmäuse zu jagen. Der Kundige weiß schon nach wenigen Sommernächten, ob in einem Dorf eine Schleiereule wohnt. Sie verrät sich durch ihr eigentümliches Schnarchen.

Man sollte meinen, die Mäuse seien in mondlosen Nächten vor
der Schleiereule sicher. Diese Annahme ist jedoch falsch. Sie kann
sogar in absoluter Dunkelheit eine Maus greifen. Ihr Rascheln
beim Umherhuschen genügt, um die Eule zu ihrer Beute zu führen.
Payne (1962) hat das in vielen Versuchen gezeigt. Er zog eine

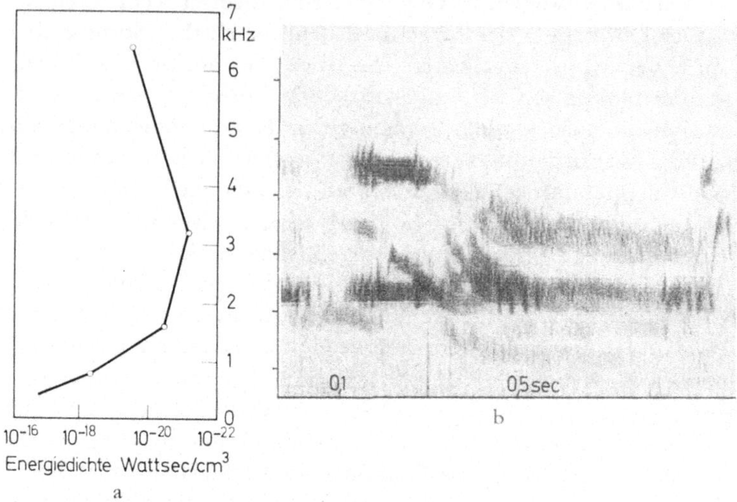

Abb. 21 a u. b. Die größte Empfindlichkeit des Gimpelgehörs (links) liegt bei
3000 Hz; das ist der mittlere Tonhöhenbereich der eigenen Stimmen (rechts).
a Nach Schwartzkopff 1960, verändert. b Zehn Spektrogramme vom Gesang
übereinander

Papiermaus über den laubbedeckten Boden eines absolut dunklen
Raumes. Sie wurde mit ebenso sicherem Griff erbeutet wie eine
lebende. Ertönte aus einem Lautsprecher Laubrascheln, war dieser
das Opfer, und ließ Payne eine Maus mit einem trockenen Blatt
am Schwanz über einen Sandboden laufen, griff die Eule das Blatt.
Die Parallaxe, die dadurch entsteht, daß der Vogel die Maus mit
dem Ohr hört, aber mit den Krallen greifen muß, gleicht er mühelos aus. Während des Fluges bewegt sich der Kopf gerade vom
Ausgangspunkt in Richtung Geräusch, und erst im letzten Augen-
blick vor Erreichen der Beute reißt die Eule ihre Füße nach vorn,
so daß die bisher vom Kopf eingehaltene Linie von den Füßen
fortgesetzt wird. Mindestens zwei Geräusche müssen von der

Beute ausgegangen sein, bevor die Schleiereule abfliegt. Aus diesen Informationen „berechnet" der Vogel die Richtung und die Entfernung. Dabei bestimmt er nicht nur den Endpunkt des Geräusches, sondern auch die Richtung, in der die Maus läuft, denn stets liegen die Krallenabdrücke im rechten Winkel zur Längsachse der Maus. Verstopft man der Schleiereule ein Ohr, fliegt sie

Abb. 22. Die Außenkante der Flügelfedern des Waldkauzes sind gezähnt. Das trägt zum geräuschlosen Flug bei. Nach Rutschke 1966

in die richtige Richtung, verfehlt die Maus aber, weil sie die Entfernung nicht mehr richtig abschätzen kann.

Der Beobachter eines dicht vorbeifliegenden Starenschwarmes wird unweigerlich von dem Schwingenrauschen beeindruckt. In dem Kapitel über Schallquellen wurde geschildert, daß Federgeräusche Signale für Artgenossen sein können. Der nächste Schritt, derartige Signale noch eindrucksvoller zu machen, ist die Veränderung gewisser Federn zu Schallschwingen, wie bei der Bekassine (S. 11). Den umgekehrten Weg haben die Eulen eingeschlagen — sie fliegen geräuschlos. Das ist in zweierlei Hinsicht von Bedeutung. Ihr eigenes Hörvermögen wird durch die Fluggeräusche nicht beeinträchtigt, und ihre Opfer können sie nicht wahrnehmen. Die Eulen fliegen lautlos, weil ihre äußeren Flügelfedern am äußeren Rande gezähnt (Abb. 22), am inneren ausgefranst und oben mit einem Flaum gepolstert sind. Die Federn sind also genau gegensätzlich wie die „harten" Schallfedern gebaut. Bezeichnenderweise fehlen den afrikanischen Fischeulen diese Strukturen. Sie können es sich „leisten", geräuschvoll zu fliegen, da sie sich von Fischen und Krebsen ernähren.

Während Vögel Tonhöhen etwa so gut unterscheiden können wie wir, ist ihre akustische Zeitauflösung viel besser. Der Zwergtaucher hat einen Gesang, an dem häufig beide Partner beteiligt

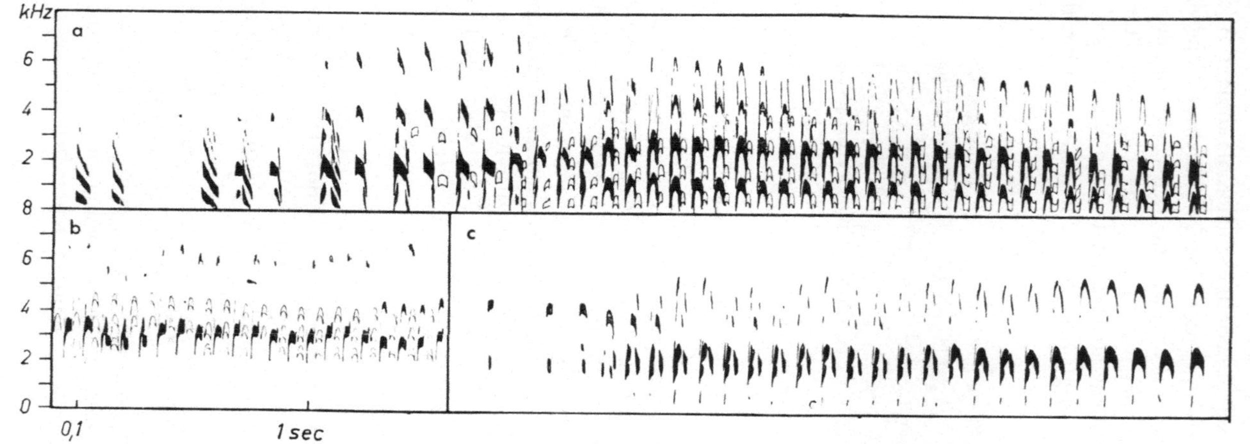

Abb. 23 a—c. Gesang des Zwergtauchers. a und b beide Partner eines Paares, c ein Vogel allein. In a beginnt der eine (schwarz) unregelmäßig, nach dem achten Element setzt der zweite (weiß) ein. Der zweite beginnt jeweils haargenau, wenn der erste aufhört, obwohl der erste erst langsam, dann schneller und zum Schluß wieder langsam singt. b Ausschnitt aus einem längeren Trillerduett. Nach Bandorf 1968 und Thielcke

sind. Der zweite Vogel hängt sich dabei mitunter unmittelbar an den ersten an und macht dessen Geschwindigkeitsänderungen haargenau mit (Abb. 23). Die Zeit zwischen ihren Einsätzen beträgt eine dreißigstel Sekunde. Vergleiche von Original und Nachahmung der Spötter zwingen zu der Annahme, daß Vögel akustische Eindrücke zeitlich noch weiter auflösen können.

5. An ihren Liedern sollt ihr sie erkennen

Gehen Sie mit einem Vogelkundigen aus dem Haus, werden Sie überrascht sein, wenn er plötzlich sagt: Dort singt eine Sumpfmeise, jenes Trommeln stammt von einem Buntspecht, und im nächsten Busch tixt eine Amsel. Der geschulte Ornithologe kann diese Aussage machen, ohne die Vögel zu sehen. Das ist nur möglich, weil die Lautäußerungen der Vögel und der Tiere überhaupt arteigen sind. Beschäftigt man sich länger mit einer Tiergruppe, kann man die Arten ebensogut an ihrer Stimme wie nach ihrem Aussehen unterscheiden. Oft ist die Stimme sogar besser zum Ansprechen geeignet als Körpermerkmale. Wir werden davon später noch mehr hören (S. 117).

Wenden wir uns wieder unserer singenden Sumpfmeise zu, stellen wir fest, daß sie jetzt nicht mehr „klappert" (Abb. 24a, c). Dasselbe Männchen singt plötzlich eine ganz andere Strophe, und wenn wir lange genug Geduld haben, vernehmen wir vielleicht sogar, wie es zu einem dritten Strophentyp überwechselt. Die drei Strophentypen sind sehr verschieden (Abb. 24). Ohne zu wissen, daß sie von demselben Vogel stammen, könnte man sie für die Gesänge verschiedener Arten halten. Dasselbe Sumpfmeisenmännchen singt die Strophen desselben Typs sehr einheitlich (Abb. 24a—c). Die Unterschiede im Gesang verschiedener Männchen sind zwar größer (Abb. 25), im Prinzip wird jedoch immer dasselbe Muster geringfügig variiert, so daß wir Sumpfmeisengesang immer als Sumpfmeisengesang erkennen werden, nachdem wir uns die verschiedenen Strophentypen eingeprägt haben, und so ist es mit den übrigen Arten auch.

So verschieden die drei Gesangstypen der Sumpfmeisen sind, sie haben auch etwas Gemeinsames. Innerhalb einer Strophe wird

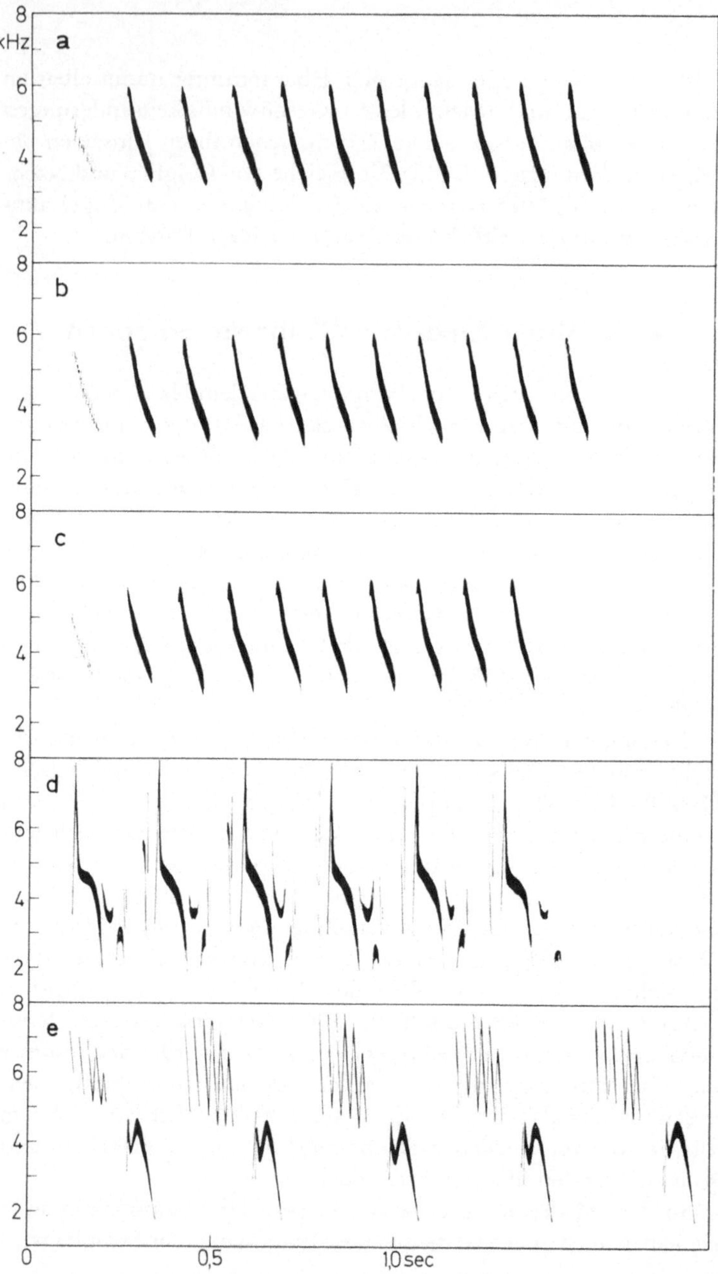

Abb. 24a—e. Alle fünf Strophen sind vom selben Sumpfmeisen-♂. a—c drei
Strophen des ersten Typs, d eine Strophe des zweiten und e des dritten Typs

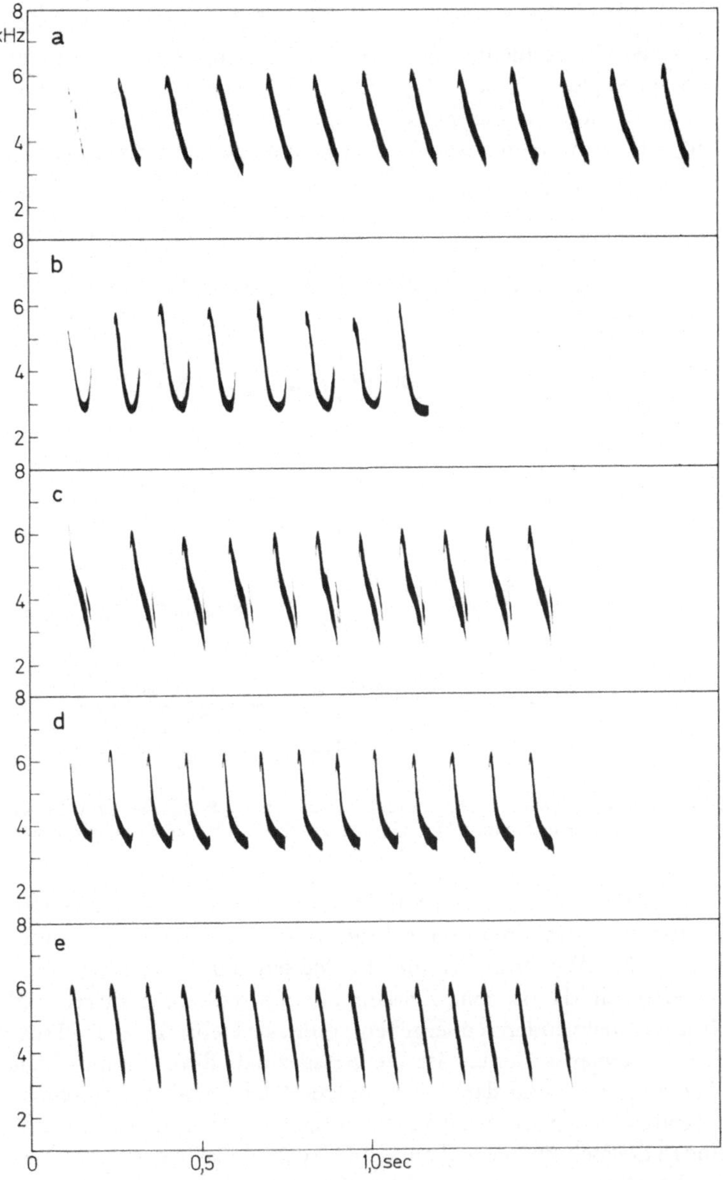

Abb. 25a—e. Je eine Klapperstrophe von fünf Sumpfmeisen-♂ ♂

entweder ein Element, wie in der Klapperstrophe (Abb. 24a—c),
oder eine Gruppe von Elementen, wie in Strophe d und e, stereotyp wiederholt. In dieser Weise sind mit mehr oder weniger großen Abweichungen fast alle bisher untersuchten Gesänge der

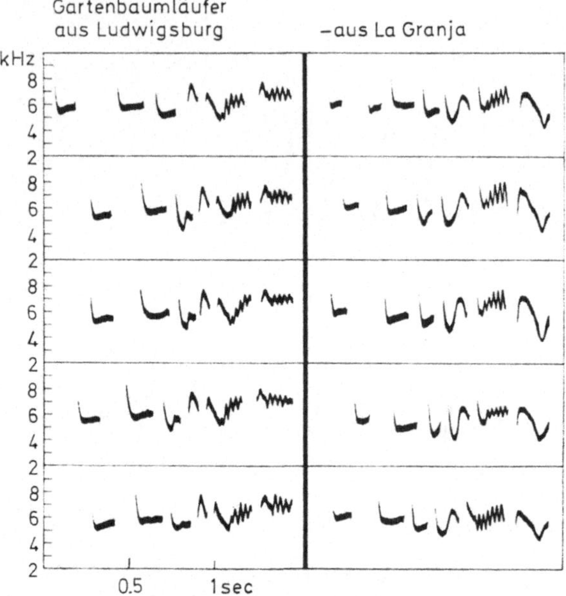

Abb. 26. Strophen von je fünf Gartenbaumläufern aus Süddeutschland (links)
und Mittelspanien (rechts). Der Gesang ist innerhalb der Population sehr
stereotyp

echten Meisen aufgebaut (vgl. Abb. 77). Nur eine Art, eine süd-
asiatische Verwandte unserer Tannenmeise, weicht davon grundsätzlich ab. Weiterhin ist für alle Meisen ohne Ausnahme charakteristisch, daß sie eine Zeitlang einen Strophentyp singen und
dann zu einem anderen übergehen, sofern sie mehrere haben. Trotz
dieser Gemeinsamkeiten ist die Artspezifität durch immer neue
Elementmuster und damit verbundene Klangfarbe gewährleistet.

Andere Vogelarten haben einen anderen Strophenaufbau. So
singen die meisten Gartenbaumläufer sechs verschiedene Elemente
in derselben Reihenfolge. Ein Männchen hat höchstens zwei
Strophentypen. In Abb. 26 ist der Gesang von je fünf Männchen

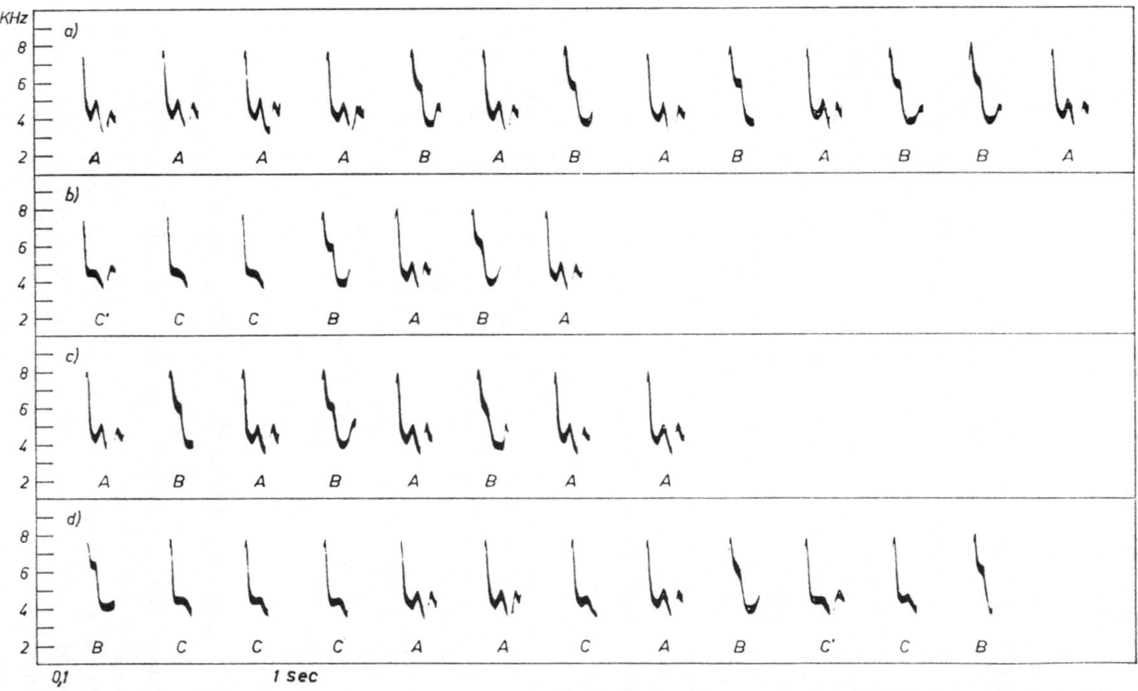

Abb. 27. Vier Strophen desselben Zilzalp-♂ mit vier verschiedenen Elementen (A, B, C, C'). Der Gesang ist in der Länge der Strophen und der Folge der Elemente sehr variabel

aus zwei verschiedenen Gebieten (Ludwigsburg in Süddeutschland und La Granja in Mittelspanien) gegenübergestellt. Innerhalb eines Gebietes singen die Männchen sehr einheitlich, und selbst von einem Gebiet zu einem anderen sind die Unterschiede im allgemeinen gering. Die Gartenbaumläufer in La Granja weichen von den übrigen 450 aufgenommenen Männchen am meisten ab.

Wieder anders ist der Strophenaufbau des Zilpzalps. Sein monotoner Gesang ist sehr auffallend und einprägsam. Freilich singt er nicht nur *zilp zalp*, was ihm seinen deutschen Namen eingebracht hat, sondern ein Männchen kann bis neun verschiedene Elemente haben, die in den einzelnen Strophen in verschiedener Folge gereiht werden (Abb. 27). In unserem Beispiel sind es vier. Die Strophen sind sehr verschieden lang. Daß der Abstand von einem Element zum anderen sehr konstant ist, ist eine Eigentümlichkeit des Zilpzalps, die anderen Arten mit entsprechendem Strophenaufbau fehlt.

Einige Proben des Amselgesanges haben wir auf S. 20 kennengelernt. Ein Männchen kann über hundert verschiedene Strophen haben. Aber nicht nur diese Vielfalt ist vom Gesang der Sumpfmeise und des Gartenbaumläufers verschieden, sondern auch die „bunte" Folge der Strophen. Teile einer Amselstrophe können in einer anderen auftreten, so wie es bei den Strophen des Zilpzalps immer ist.

Mit den Gesängen der Sumpfmeise, des Gartenbaumläufers, des Zilpzalps und der Amsel habe ich je ein Beispiel von vier verschiedenen Prinzipien des Gesangaufbaus angeführt. In dieser Weise setzen sich fast alle Vogelgesänge zusammen.

6. Wozu der Gesang dient

Nehmen wir den Gesang eines Zilpzalps auf Tonband auf und spielen ihn demselben Männchen oder einem anderen Zilpzalpmännchen vor, erleben wir eine erstaunliche Reaktion. Wie von einem Magnet angezogen, fliegt der Zilpzalp in Richtung Lautsprecher, verweilt kurze Zeit heftig mit den Flügeln zitternd in der Nähe, antwortet dem Lautsprechergesang zunächst mit einer viel schneller vorgetragenen, wie stotternd klingenden Strophe und geht dann allmählich in seinen normalen Gesang über, den er noch einige Zeit häufiger vorträgt als vor dem Versuch. Einmal erlebte ich, wie ein so gereizter Zilpzalp auf die Membran meines Lautsprechers hackte. Die Deutung, er meine einen Nebenbuhler vor sich zu haben, der in sein Revier eingedrungen ist, liegt auf der Hand.

Wenn die Vogelmännchen im Frühjahr ein bestimmtes Waldstück, einen Streifen Hecke oder eine Wiese besetzen, sind sie bestrebt, durch viel Singen andere Männchen derselben Art aus diesem Gebiet fernzuhalten. Umherstreifende Männchen wissen dann sofort, wo ein für sie geeigneter Lebensraum frei von Rivalen ist. Dennoch gibt es zu Anfang der Brutzeit häufig Kämpfe zwischen artgleichen Männchen. Haben sich die Reviergrenzen einmal eingespielt, genügt meistens der Gesang zur Wahrung des Besitzstandes. Man sagt, der Gesang spare Energien, weil er kräftezehrende Kämpfe verhindere. Ob dies stimmt, wissen wir allerdings nicht. Sicher ist jedoch, daß ein singender Vogel in einem unübersichtlichen Gelände viel eher wahrzunehmen ist als ein stummer.

Der Gesang der Vogelmännchen spricht nicht nur artgleiche Männchen, sondern auch ihre Weibchen an. In unseren Breiten besetzen die Männchen im Frühjahr zuerst ihre Reviere und machen durch ihren Gesang schon von weitem ledige Weibchen auf sich aufmerksam. Im allgemeinen singen unverheiratete Männchen mehr als verheiratete. Ob die Weibchen daran den Status eines Männchens erkennen können, ist ungewiß, wie überhaupt die weibchenanlockende Wirkung des Gesanges noch wenig sicher ist. Hat sich das Vogelpaar gefunden, singt das Männchen viel weniger als vorher, und zwar singt es bevorzugt dann, wenn es sein Weibchen aus dem Auge verloren hat. So dient der Gesang dem Paarzusammenhalt. Die aus China stammenden Sonnenvögel, im Handel China-Nachtigallen genannt, haben zwei verschiedene Gesangsformen (Abb. 28). Mit der einen kürzeren, weniger variablen, hält das Männchen zu seiner Partnerin Kontakt, die andere läßt es vor allem zur Revierdemonstration erklingen. Trennt man die Partner eines Paares, nehmen das Männchen mit seiner Kontaktstrophe und das Weibchen mit einer besonderen Rufreihe Stimmfühlung auf und finden sich auf diese Weise schnell zusammen. An diesen Stimmen kennen sie sich wahrscheinlich individuell. Da sie wenigstens in Gefangenschaft in Dauerehe leben, ist persönliches Kennen notwendig. Die Unveränderlichkeit der Strophe über viele Jahre (Abb. 28 f—k) dürfte dazu wesentlich beitragen.

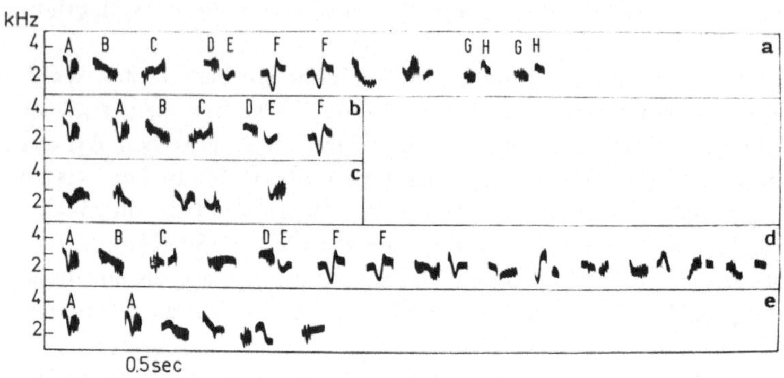

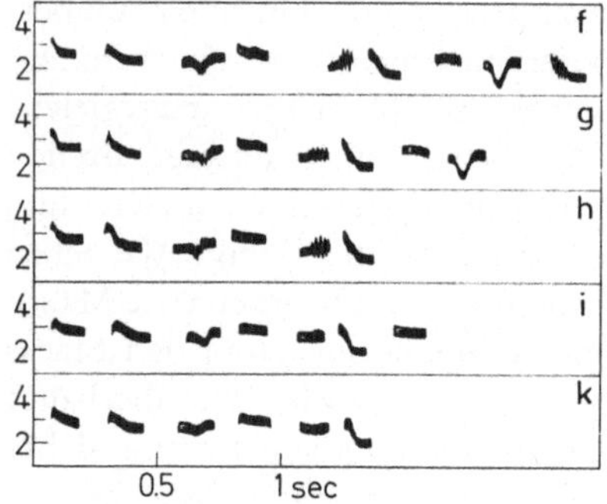

Abb. 28. a—e fünf Strophen eines Sonnenvogel-♂, mit denen es sein Revier verteidigt und f—k fünf Strophen desselben Männchens bei verlorenem Kontakt zu seinem Weibchen. f—h 1961, i und k 1968 aufgenommen

Eine weitere soziale Funktion des Gesanges hat Barbara Brockway (1962) bei Wellensittichen gefunden. Weibchen, die Männchen ihrer Art nur hören, aber nicht sehen konnten, legten Eier, während Weibchen ohne Hörkontakt zu Männchen keine Eier legten. Man darf aus diesen Versuchen folgern, daß arteigene Lautäußerungen Männchen und Weibchen im Fortpflanzungsverhalten einander angleichen. In weiteren Untersuchungen hat Frau Brockway herausgefunden, welche Stimmen hierfür entscheidend sind. Es ist der leise Gesang vor der Kopula, der — täglich 6 Stunden vorgespielt — die Weibchen Eier legen läßt.

Der zu Anfang dieses Kapitels geschilderte Versuch mit Zilpzalpstrophen hat die auf Männchen anlockende Wirkung und eine
Steigerung der Gesangsrate aufgezeigt. Diese Stimulation ist in
vielen Versuchen übereinstimmend festgestellt worden. Da es zwischen artgleichen Nachbarn zu regelrechten Gesangsduellen
kommt, trägt dieses gegenseitige Aufschaukeln vielleicht allgemein zu einer
Angleichung des Brutablaufs einer
ganzen Gruppe bei, wie es Lott u. a.
(1967) mit Stimmen aus dem Koloniemilieu der Lachtaube nachgewiesen
haben.

Während in unseren Breiten — soweit heute bekannt — vorwiegend
die zunehmende Tageslänge im Frühjahr alle Individuen einer Art etwa
zur gleichen Zeit in Fortpflanzungsstimmung kommen läßt, scheinen in
tropischen Regionen andere Zeitgeber
zu wirken. Die Vögel brüten dort oft
gar nicht im Frühjahr, sondern z. B.
zu Beginn, andere gegen Ende der
Regenzeit. Vielleicht dienen gerade
die in tropischen Zonen häufigen
Wechsel- und Duettgesänge zwischen
den Paarpartnern der Abstimmung des
Paares. Darüber hinaus dürften diese
Gesangsformen dem Zusammenhalt

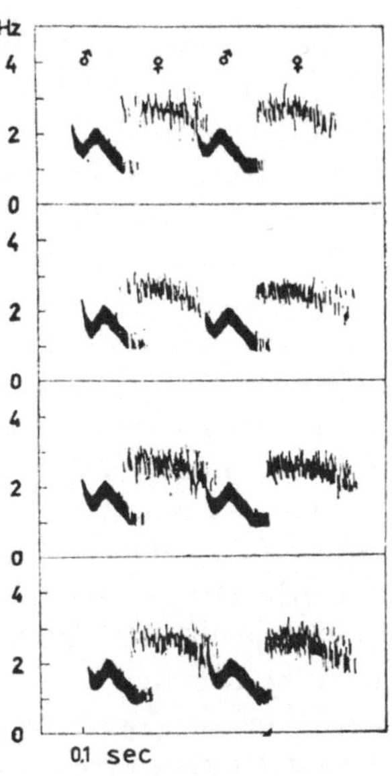

Abb. 29. Wechselgesang der
Partner eines Paares Rotbauchwürger. Nach Tonbandaufnahmen von G. Niethammer

des Paares in unübersichtlichem Gelände, etwa tropischem Urwald
oder dichtem Schilf, sowie nachtaktiven Arten förderlich sein.
Einen Duettgesang mit erstaunlicher zeitlicher Präzision haben
wir bereits im Abschnitt „Leistungen des Vogelohres" kennengelernt (Abb. 23).

Der Gesang übt also recht wichtige Funktionen im Fortpflanzungsverhalten der Vögel aus. Er zeigt das Revier an, führt wahrscheinlich die Weibchen zu ledigen Männchen, hält das Paar zusammen und stimmt seine Partner oder eine ganze Gruppe aufeinander ab. Mindestens eine dieser Funktionen sollte erfüllt sein, wenn wir von Gesang* sprechen. Im allgemeinen besteht der Gesang aus Strophen (vgl. Abb. 24), die sich aus mehreren oder vielen Elementen zusammensetzen. Nur wenn Lautäußerungen bei einer Art fehlen, die sich in Strophen einteilen lassen, sollte man einzelne Elemente mit einer der oben genannten Funktion Gesang nennen.

Die in Europa als Käfigvögel sehr beliebten Prachtfinken weichen von den meisten anderen Vogelarten ab, da sie mit ihrem Gesang niemals einen Revierbesitz anzeigen. Sie singen vielmehr bei der Balz, und die Afrikaner unter ihnen halten damit zu ihrer Partnerin Kontakt (Harrison, 1962). Ähnlich wie die Sonnenvögel verfügen die Männchen des Veilchenastrilds über zwei verschiedene Gesangsformen, von denen die eine zur Balz und die andere zur Stimmfühlung verwendet wird (Nicolai, 1962). Den australischen Prachtfinkengesängen fehlt die Funktion des Zusammenrufens. Zum Schwarmzusammenhalt singen der asiatische Muskatfink und australische Arten derselben Gattung im Chor, wobei mehrere Männchen auf Federkontakt sitzen (Moynihan und Hall, 1954, sowie Immelmann, 1962). Einige Arten aus Afrika und Australien haben sogar „Zuhörer“. Bei ihnen singt ein Männchen, und Artgenossen beiderlei Geschlechts strecken ihm mit langem Hals ihr Ohr hin. Immelmann (1962) sieht in diesem Verhalten ein Mittel, den Zusammenhalt im Schwarm zu festigen.

In den meisten Fällen ist eine bestimmte Strophe eines Vogels oder sein ganzes Repertoire allein für ihn charakteristisch. Selbst die Männchen von Arten mit einer sehr stereotypen Strophe mit ausgeprägten Dialekten lassen sich an Feinheiten von allen Männchen ihrer Umgebung unterscheiden. Judith Weeden und Falls (1959) haben gezeigt, daß diese Verschiedenheit im Leben der Vögel bedeutungsvoll sein kann. Die amerikanischen Ofenvögel halten daran ihre Nachbarn und Fremde auseinander. Sie reagieren auf Fremde viel stärker, denn Fremde sind auf Reviersuche, während Nachbarn eines besitzen. Seßhafte haben keinen Grund, ernsthaft um ein anderes Revier zu kämpfen. Liegen die Reviergrenzen einmal fest, dienen die täglichen Gesangsduelle in Grenz-

---

* Nicht voll entwickeltem Gesang während der Jugend und bei Alten außerhalb der Fortpflanzungszeit fehlen diese Funktionen dagegen meistens ganz; wir nennen ihn Jugend- und Wintergesang (S. 137, 146).

38

nähe eher der eigenen Bestätigung, als daß sie Angriffsabsichten verkünden würden. Die Angelegenheit wird, wie so oft im Zusammenleben von Artgenossen, zum Ritual.

7. Woran der Vogel seinen Gesang erkennt

Im ersten Kapitel haben wir eine Goldammerstrophe im Klangspektrogramm kennengelernt (Abb. 2). Goldammern singen so eine Strophe ganz stereotyp und wechseln dann zu einem anderen Strophentyp. Ein Männchen kann bis zu vier verschiedene Strophentypen haben. Die Strophen eines Typs sind genauso einförmig wie bei der Sumpfmeise.

Von den Strophentypen, die ich von 28 Männchen aufgenommen habe, sind keine zwei so ähnlich, daß man sie einem Typ zuordnen könnte, aber alle Strophen sind nach dem gleichen Prinzip aufgebaut (Abb. 30). Der größte Teil der Strophe besteht aus gleichförmigen Elementen, die einander in bestimmtem Abstand folgen und fast immer zweigeteilt sind. Das erste ist leise, und die folgenden werden immer lauter. Die Strophe endet oft mit einem oder zwei langgezogenen Elementen, die fehlen können, aber niemals allein gesungen werden.

Die einfache Gliederung der Goldammerstrophe und die gute Reaktion der Männchen auf den vom Tonband vorgespielten Gesang fordert geradezu heraus, die Bedeutung der einzelnen Gesangskomponenten durch Versuche zu prüfen.

So habe ich wildlebenden Goldammern über Tonband zehn verschiedene künstliche Veränderungen der Strophe und den Gesang der Zaunammer, einer nahen Verwandten der Goldammer, dargeboten. Reagiert haben immer nur die Männchen. Jedes Männchen bekam die veränderte Strophe zehnmal vorgespielt und nach einer Pause die unveränderte ebenso oft. Als unverändert gilt die Strophe ohne das Schlußelement, das vielen Strophen ohnehin fehlt. In der Abb. 31 geben die Säulen an, wieviele Männchen durch die veränderte Strophe angelockt wurden, wenn man die Wirkung der unveränderten gleich 100 setzt. Der zweite Versuch (B) zeigt die Brauchbarkeit der Methode, denn zwei Serien von unveränderten Strophen werden nahezu gleich beantwortet. Die

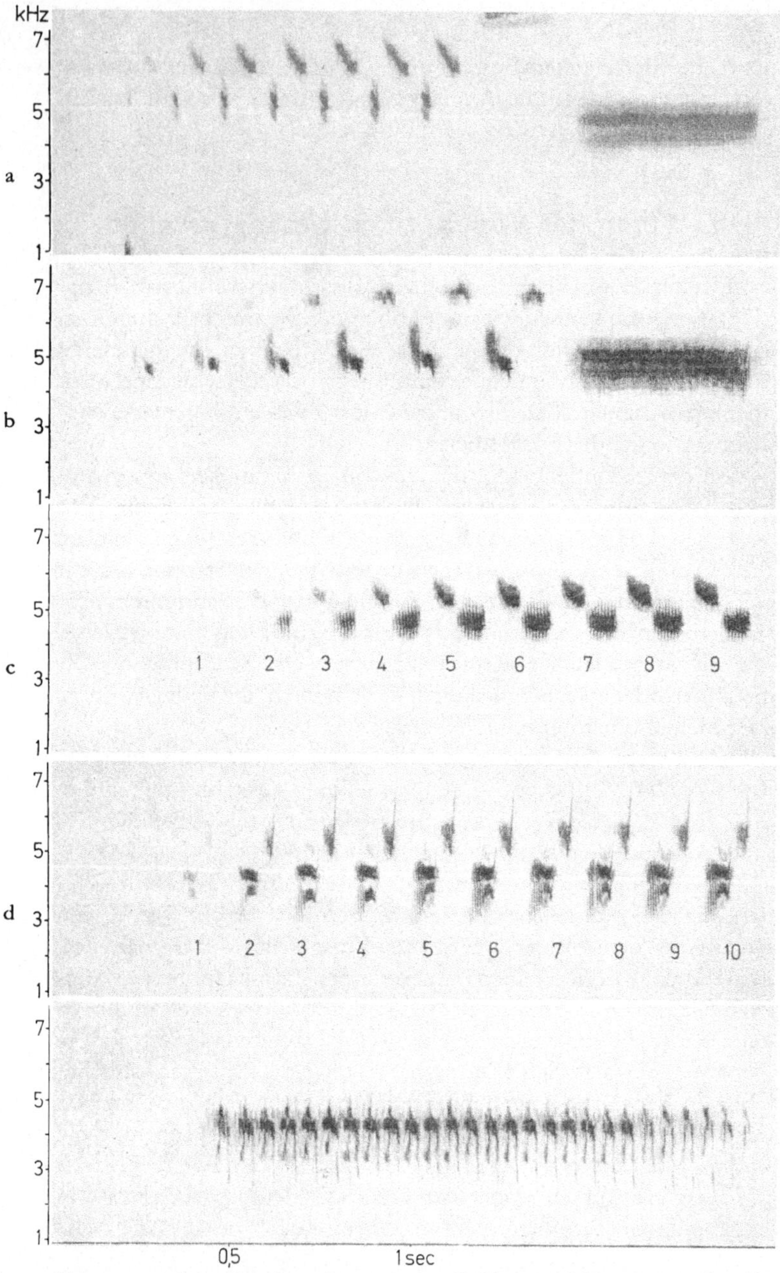

Abb. 30. a—d je eine Strophe von vier Goldammer-Männchen und e die
Strophe eines Zaunammer-Männchens. Die Strophen c bis e wurden wildlebenden Goldammern vorgespielt

Goldammer reagiert nicht etwa erst auf die zweite Serie oder nur
auf die erste in voller Stärke. Die Verlängerung der Strophen um
das Doppelte (31 A) beeinträchtigt ihre Wirksamkeit ebensowenig
wie wechselnde Lautstärke anstatt einer ansteigenden vom Anfang

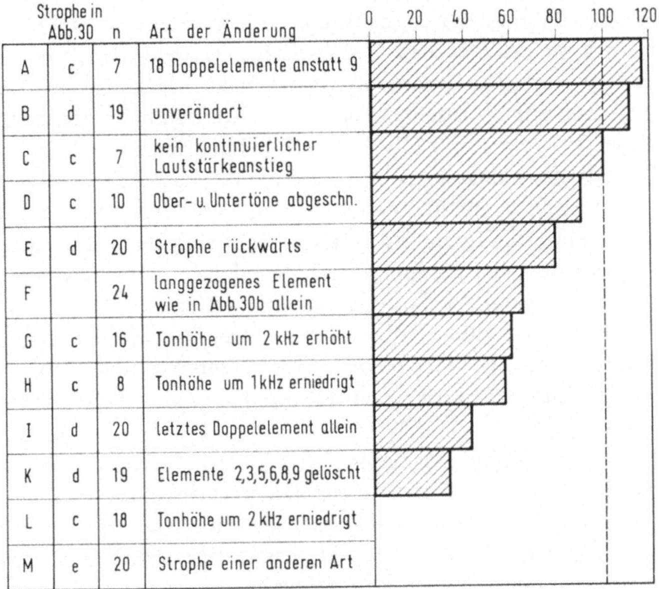

Abb. 31. Ergebnisse der Versuche mit Klangattrappen auf wildlebende Goldammern. Zuerst wurden zehn in gleicher Weise veränderte Strophen und anschließend demselben Männchen zehn unveränderte vorgespielt. Die Zahl der
Männchen, die von der unveränderten Strophe angelockt wurden, ist gleich
100 gesetzt (Strichellinie). Die Zahl der durch die veränderten Strophen angelockten Männchen steht dazu im Verhältnis (Säulen). In B wurden denselben
Männchen zweimal je zehn unveränderte Strophen vorgespielt. Die nahezu
gleiche Reaktion auf beide Serien zeigt die Brauchbarkeit der Methode

bis zum Schluß der Strophe (C). Auch die Ausfilterung der Obertöne unter 4000 und über 6500 Hz ist von untergeordneter Bedeutung (D). Der Anteil der Obertöne an der Klangfarbe ist beim
Goldammergesang also gering. Das entspricht unserem akustischen Eindruck von der veränderten Strophe. Demgegenüber
tragen die Obertöne unserer Musikinstrumente viel zur Klangfarbe bei. Erstaunlich ist zunächst, daß die rückwärts dargebotene

Strophe (E) so gut wirkt. Statt der ansteigenden Lautstärke in der normalen Strophe fällt sie, und die Feinheiten der einzelnen Elemente laufen genau umgekehrt ab. Das Ergebnis wird aber erklärbar, denn die Doppelelemente können in verschiedenen Strophen sowohl mit dem tieferen (Abb. 30a) als auch mit dem höheren Teil (Abb. 30c) beginnen, und die Intensität ist nach den Versuchen mit der Attrappe A bedeutungslos. Zilpzalpe reagieren auf ihren rückwärts vorgespielten Gesang überhaupt nicht. Allerdings wird dabei der Charakter der einzelnen Elemente grundsätzlich verändert.

Etwa 60 Prozent der Goldammern zeigen durch ihr Verhalten, daß sie das Schlußelement für sich allein (F) als arteigen erkennen. Von etwa gleich viel Männchen werden Tonhöhenveränderungen um $+2$ kHz (G) oder -1 kHz (H) hingenommen, um 2000 Hz tiefer transportierte Strophen (L) haben dagegen ebensowenig anlockende Wirkung wie die einer nahverwandten Art (M). Die in der Tonhöhe veränderten Klangattrappen waren in der Zeit unverzerrt.

Überraschend ist wiederum, daß ein Doppelelement allein (I) oder vier mit größeren Pausen (K) überhaupt als arteigen erkannt werden.

Im vorangegangenen Kapitel wurde dargelegt, daß nicht nur Männchen, sondern auch Weibchen vom arteigenen Gesang angesprochen werden. Es ist also durchaus denkbar, daß die Weibchen den Gesang nach anderen Maßstäben messen. Wie Versuche von Weeden und Falls (1959) ergeben haben, können die amerikanischen Goldkopfwaldsänger Nachbarn von Fremden unterscheiden. Angenommen, Goldammern wären dazu ebenfalls in der Lage, könnten dafür wiederum andere Merkmale des Gesanges verwendet werden. Wir wissen hierüber, wie so oft bei Vogelstimmen, noch ganz wenig. Außer von den angeführten Arten liegen bisher nur einige Untersuchungen vor. Am ausführlichsten ist die von Bremond (1968) über das Rotkehlchen.

8. Die Laute

Bisher haben wir vor allem von den Gesängen der Vögel gehört, wie sie aufgebaut sind, über welche Variationsmöglichkeiten ein Individuum verfügt, was Artgenossen ihnen entnehmen können und woran sie den Gesang erkennen. Damit ist das Repertoire der Vögel jedoch nicht erschöpft, denn neben dem Gesang verfügen sie über Laute (auch Rufe genannt), die überwiegend andere soziale Funktionen ausüben als der Gesang. Laute sind meistens kurz, sie ähneln im Klangspektrogramm einem einzelnen Gesangselement. Man sollte also meinen, sie seien leicht vom Gesang zu unterscheiden, doch das ist nicht immer so. Ein einzelnes Element, das formal nicht von einem Laut zu unterscheiden ist, kann der vollständige Gesang eines Vogels sein. Andererseits kann ein Laut gereiht und mit anderen Rufen kombiniert werden, so daß diese Laute wie „primitive" Gesangsstrophen klingen. Es bleibt also nichts anderes übrig, als die soziale Bedeutung der Lautäußerung zu untersuchen, um sie als Laut oder als Gesang zu klassifizieren, und selbst dann gibt es Grenzfälle. Wozu der Gesang im Zusammenleben der Vögel dient, haben wir bereits gehört (vgl. S. 34). Das Lautrepertoire einer Art ist sehr verschieden groß. Ein Weißstorch verfügt über drei Laute, ein Singvogel kann bis um 20 haben, und unser Haushuhn hat sogar 26.

a) Morsezeichen von Ei zu Ei

Vogelarten, deren Gelege aus vielen Eiern besteht, legen im allgemeinen jeden Tag ein Ei, beginnen aber zu brüten, bevor alle Eier gelegt wurden. Obwohl die zuletzt gelegten Eier kürzer bebrütet werden, schlüpfen die Jungen vieler Arten innerhalb weniger Stunden. Wie das möglich sein kann, ist viel diskutiert worden. Erst in neuerer Zeit sind Goethe (1955) und Margaret Vince (1964, 1966, 1967, 1968) auf die Idee gekommen, daß die Küken selbst diese erstaunliche Synchronisation herbeiführen könnten.

Die Jungen der Virginischen Baumwachtel schlüpfen normalerweise am 23. Bebrütungstag. Vom 20. Tag an piepen sie. Danach fangen sie an zu klicken. Diese rhythmischen Geräusche entstehen beim Atmen. Sie verlieren sich einige Stunden nach dem Schlüpfen. Die Zeitspanne zwischen dem ersten Piepen und dem ersten Klicken ist individuell sehr verschieden. Sie schwankt von einer Stunde bis zu 43 Stunden. Dagegen ist die Variationsbreite vom ersten Klicken bis zum Schlüpfen ganz eng. Sie beträgt nur etwa 6 Stunden. Schließlich entstehen noch einmal beim Schlüpfen typische Geräusche.

Die Küken in Eiern, die den Gelegen im Brutapparat einen Tag später zugegeben wurden, fingen zwar 24 Stunden später an zu pfeifen, begannen aber höchstens einige Stunden nach den übrigen zu klicken. Geschlüpft sind jeweils alle in kurzem Abstand wie bei Gelegen, die von der Mutter erbrütet werden. Legte Frau Vince die Eier eines Geleges im Brutapparat 10 cm auseinander, schlüpften sie in einer Zeitspanne von 46 Stunden. Auf Kontakt liegende Eier benötigten dafür nur 6 Stunden.

Vergleicht man die Befunde über die drei Lautäußerungen — Pfeifen, Klicken, Schlüpflaute —, kommt am ehesten das Klicken als Synchronisator für gemeinsames Schlüpfen in Frage.

M. Vince ging nun in ihren Versuchen einen Schritt weiter. Sie setzte einzelne Eier der Virginischen Wachtel und der Wachtel Erschütterungen oder Klicklauten aus dem Lautsprecher aus, die denen unter natürlichen Bedingungen angepaßt waren. Beide Methoden führten zu einem vorzeitigen Schlüpfen. Das Klicken beschleunigt das Schlüpfen weitentwickelter Baumwachteln. Dabei scheint es nur ein Nebenprodukt der Atmung zu sein. Junge Feldsperlinge und Kohlmeisen klicken genauso wie Enten und Wachteln, schlüpfen deshalb aber nicht synchronisiert. Nur einige Arten haben sich diese ursprünglich sozial bedeutungslosen Laute zunutze gemacht.

Die Eier und Jungen vieler Bodenbrüter sind für Räuber eine Delikatesse. Sitzt das Weibchen still brütend auf dem Nest, ist die Gefahr relativ gering, sind aber die ersten Jungen geschlüpft, bieten sich dem scharfen Auge einer Krähe oder Weihe plötzlich viele Anhaltspunkte, die Nestumgebung näher zu untersuchen. Die Zeit vom Schlüpfen des ersten bis zum letzten Jungen ist besonders kritisch, weil die Mutter dann sowohl brüten als auch Junge betreuen muß. Eine Abkürzung dieser Periode ist zweifellos mit weniger Verlusten verbunden. Das dürfte der Grund sein, warum es über die Selektion zu einer sozialen Nutzung der Klicklaute gekommen ist.

b) Lummen lernen schon im Ei

Der Besucher Helgolands trifft zur Brutzeit an den steilen Felsen einen stockentengroßen schwarz-weißen Vogel mit langem spitzem Schnabel in einer Kolonie von etwa 1000 Paaren an. Der Mensch,

Abb. 32. So dicht wie die Trottellummen auf diesem Sims stehen, brüten sie
auch. Aufnahme: B. Tschanz

der diesen Vogel den Namen gegeben hat, scheint keine hohe Mei-
nung von ihm gehabt zu haben, denn er nannte ihn Dumme
Lumme. Später wurde die Dumme Lumme in Trottellumme um-
benannt. Früher brüteten auf Helgoland 4000 Paare, und an einem

Fjord im arktischen Norwegen gibt es sogar eine Kolonie mit fast
100000 Paaren. Trottellummen bevorzugen zur Ablage ihres einzigen Eies Gesimse an steilen Felsen, wo sie vor Landräubern
sicher sind. Der Platz an den steilen Klippen ist überall knapp und
infolgedessen der Abstand zwischen den Brütenden gering
(Abb. 32). Koloniebrüten ist für viele Arten einerseits von Vorteil;
andererseits bringt es aber auch Probleme mit sich, etwa das Wiederfinden des eigenen Jungen nach einer Störung. Würden sich
die Trottellummen des ersten besten Kükens annehmen, wäre das
mit hohen Verlusten des Nachwuchses verbunden. Die Trottellummen haben dafür eine uns überraschende Lösung gefunden,
und Tschanz (1968) hat ihnen ihre Geheimnisse mit vielen Versuchen entlockt. Er errichtete seine Forschungsstation auf der Insel Vedöy, die zu den Lofoten gehört, einer Inselgruppe vor der
norwegischen Küste nördlich des Polarkreises.

Bei Störungen am Nest fliegen die Altvögel fort, und die Jungen
verkriechen sich in Felsspalten. Wenn die Alten zurückkommen,
finden sie die Felsgesimse leer vor. Sie stoßen dann eine Folge von
Lauten aus, die bei jeder Lumme anders klingt. Diese Unterschiede
lassen sich im Klangspektrogramm deutlich nachweisen (Abb. 33).
Die Jungen antworten und laufen bevorzugt auf ihre Eltern zu,
und in kurzer Zeit sitzt jedes Lummenküken wieder unter seinem
„Wärmespender“. Um zu erfahren, welche Eltern und Jungen
zusammengehören, muß man sie individuell markieren. Das hat
Tschanz mit seinen Mitarbeitern getan, und erst danach war die
Aussage möglich, daß Eltern und Kinder nach einer Störung wieder zusammenfinden. Normalerweise fliegen die alten Lummen
fort, wenn sich ein Mensch auf ihrem Brutfelsen abseilt. Eine
Lumme tat das aber nicht. Sie blieb bei ihrem Küken. Mit diesem
machte Tschanz einen aufschlußreichen Versuch. Er nahm den
Lockruf seines Elters auf Tonband auf und spielte ihn den beiden
vor. Daraufhin kam das Küken unter dem Flügel seines Elters hervor und steuerte den Lautsprecher an. Lockte der Elter und schwieg
der Lautsprecher, wandte sich das Küken zum Elter, lief jedoch
sofort wieder zum Lautsprecher, wenn aus ihm die Elternstimme
ertönte. So pendelte das Junge mehrmals hin und her, bis es ver-
suchte, unter den Lautsprecher zu schlüpfen, weil der mehr rief
als der leibliche Elter. Viele Versuche mit Jungen auf dem Felsen,

46

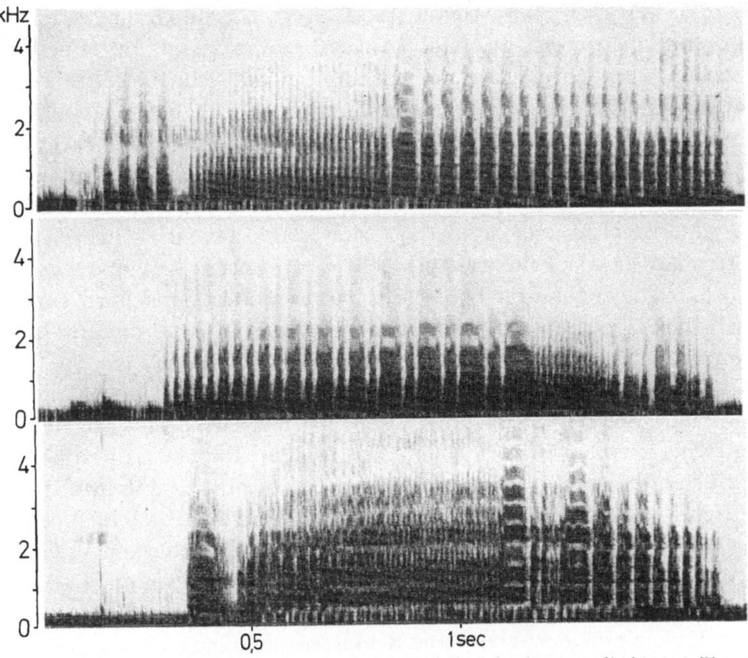

Abb. 33. An den Stimmfühlungsrufen der Altvögel erkennen die jungen Trottellummen ihre Eltern persönlich. a—c Stimmfühlungsrufe von drei Altvögeln. Nach Tonbandaufnahmen von B. Tschanz

denen über Tonband die Stimmen der Eltern und fremde Lummenstimmen geboten wurden, brachten das gleiche Ergebnis. Trottellummenküken erkennen schon gleich nach dem Schlüpfen den Fütterruf der Eltern persönlich. Der Verdacht, daß sie ihn schon im Ei kennenlernen, war groß. Bevor die Versuche zu dieser Frage geschildert werden, wollen wir mit Tschanz das Verhalten von Eltern und Küken im Ei in den letzten Tagen vor dem Schlüpfen beobachten.

Etwa 2 ½—4 ½ Tage vor dem Schlüpfen hört man aus dem Ei ein schabendes Geräusch und ein leises Piepen. Einige Stunden nach dem ersten Piepen entsteht nahe dem stumpfen Pol ein winziges dreieckiges Loch oder ein Netz feiner Risse. Das Küken preßt sich gegen die Eiwand und bricht dabei aus der über dem Schnabel liegenden Eischale weitere kleine Stückchen ab, so daß sich das Pickloch zum Atemloch erweitert. Das Junge dreht sich nun millimeterweise um seine Längsachse und „sägt" mit seinem Eizahn — einem kleinen Kalkhöcker auf der Schnabelspitze — eine Rinne. Noch ehe es bei seiner Drehung wieder am Ausgangspunkt angekommen ist, preßt es den so entstandenen Schalendeckel ab, und damit ist das Küken geschlüpft. Es braucht dazu im Schnitt 3 Tage und 14 Stunden. Während dieser Zeit ist es nicht ununterbrochen tätig, sondern arbeitet in Schüben. Bei seinen Anstrengungen, die Schale aufzubrechen, ruft es sehr viel, und zwar nicht weniger als drei Laute, die das Verhalten der Eltern entscheidend beeinflussen. Die dabei provozierten Rufe der Eltern sind wiederum für die Jungen von großer Bedeutung.

Vom 1.—28. Bruttag brüten die Lummen meistens ruhig und stumm. Alle 16—24 Stunden lösen sich die Partner ab. Mit den ersten Tönen aus dem Ei ändert sich das Verhalten der Eltern. Sie stehen „nervös" auf, gucken zum Ei, rufen den Fütterlaut, bringen Fische herbei, versuchen das Ei zu füttern und lösen sich häufiger ab. Einige Verhaltensweisen, wie Putzen, Flügelschütteln sowie Aufnehmen und Hinlegen von Nistmaterial, zeigen dem Beobachter Konfliktsituationen an. Die Umstellung der Eltern vom Ei auf das Küken erfordert viele neue Reaktionen. Kleine Fehler können hier schon tödlich für die Jungen sein. Es ist durchaus sinnvoll, daß sich die Eltern schon frühzeitig auf die neue Situation umstellen. Die Stimmfühlung zwischen Eltern und Küken spielt dabei eine wichtige Rolle. Die Eltern rufen während der Schlüpfvorbereitungen der Jungen nicht nur öfter, sondern bevorzugt, wenn das Küken „arbeitet" oder selbst ruft, und die Küken antworten in der Pick- und Atemlochphase zunehmend häufiger auf die Elternrufe. Tschanz beschallte Trottellummen aus dem Brutschrank vom ersten Piepsen an jede Stunde einmal mit je fünf gleichen Fütterrufen. Das Ergebnis war verblüffend. Die Jungen konnten bereits im Ei während der Atemlochphase den Dressurruf klar von anderen Rufen unterscheiden und lernten dazu einen zweiten Ruf kennen. Lummenküken kennen ihre Eltern also schon, bevor sie sie gesehen haben. Diese „persönliche Beziehung" entsteht rein akustisch. Von Bedeutung wird sie erst nach dem Schlüpfen bei der Zusammenführung von Eltern und Jungen nach einer Störung und beim Füttern.

Unter natürlichen Bedingungen lernen die Jungen ihre Eltern nur an den Fütterlauten persönlich kennen, obwohl die Alten nicht nur diese rufen. Unwirksam sind auch die Fütterrufe benachbarter Lummen, obwohl sie bei den Jungen im Ei oft genauso laut ankommen wie die der Eltern. Wahrscheinlich sind die Küken in ihren eigenen Aktivitätsphasen besonders lernbereit, denn gerade dann hören sie bevorzugt den Fütterruf ihrer Eltern.

Spielt man frisch geschlüpften Küken gleichzeitig den Dressur- und irgendeinen anderen Fütterlaut vor, laufen sie meistens auf den Lautsprecher mit dem Dressurlaut zu, bietet man aber nur einen unbekannten Fütterlaut alleine, reagieren sie darauf auch. Das erleichtert die Adoption fremder verwaister Küken. Es genügen fünf mit einem neuen Laut verbundene Fütterungen, und die Jungen beantworten ihn wie den bekannten, ohne die Bindung zu den früheren zu lockern.

Mit persönlichen Beziehungen, wie wir sie zwischen Menschen kennen, hat das Verhalten der Lummen nur einige Grundlagen gemeinsam. Ein gutes Lernvermögen der sonst recht hilflosen Lummen befähigt sie schon im Ei, diese Bande zu ihren Eltern zu knüpfen.

Ganz so dumm scheinen Trottellummen also doch nicht zu sein.

c) Putenmütter töten ihre stummen Kinder

Für Putenküken ist ihr erstes Piepsen lebensnotwendig. Sind sie stumm, werden sie wie ein Nestfeind behandelt. Putenküken sind freilich niemals stumm, so daß dies natürlicherweise nicht passiert. W. Schleidt, Margret Schleidt und Monica Magg (1960) stellten jedoch künstlich die Situation her, indem sie Puten ertaubten. Diese verhielten sich in der Balz und beim Brüten weitgehend normal. Sobald ihre Küken geschlüpft waren und sie ihre Bewegungen unter sich spürten, hackten sie ihre Kinder tot. Küken außer Reichweite des mütterlichen Schnabels riefen das Abwehrverhalten gegenüber Nestfeinden hervor. Die Pute sträubte ihr Rückengefieder und spreizte ihren Schwanz. Ein Ei, an der gleichen Stelle präsentiert, rollte sie ins Nest. Diese Ergebnisse sind um so erstaunlicher, als das Auge der Puten nicht etwa unterentwickelt ist. Im Gegenteil, wie fast alle Vögel sehen Puten sehr gut. Jeder kann sich davon überzeugen, wenn er sie bei der Heuschreckenjagd beobachtet.

In vielen Lebensbereichen der Vögel wirken optische und akustische Signale zusammen. Oft lösen erst Eindrücke aus beiden
Sinnesgebieten die volle Reaktion aus. Puten können kleine Nesträuber und ihren eigenen Nachwuchs offenbar nur nach ihrem
Gehör unterscheiden. Piepen löst das Pflegeverhalten aus, schwei-
gende Küken provozieren Feindverhalten. Dabei muß das Piepen
keineswegs von Putenküken stammen, denn normale Putenhennen
sind als Ziehmütter für vielerlei Geflügel beliebt. Sie führen Hüh-
ner- und Entenküken trotz deren etwas anderen Stimmen genauso
gut wie arteigene Junge. Wir müssen daraus folgern, daß die Auslöser für das Pflegeverhalten bei ihnen außerordentlich merkmals-
arm sind; vielleicht sind sie das erst im Laufe der Domestikation
geworden.

d) Eine Entenmutter führt ihre Kinderschar

Die Kükenlaute im Ei dienen wahrscheinlich mit dazu, die Eltern auf die neue Situation vorzubereiten, Junge zu betreuen.
Vielen Nestflüchtern stellt sich dabei das Problem, eine große
Kükenschar zusammenzuhalten und an günstige, vor Feinden
sichere Nahrungsplätze zu führen. Die Jungen verfügen über mindestens zwei Laute, ihre Gefühle kundzutun. Wenn alles in Ord-
nung ist, äußern sie fast unausgesetzt einen Stimmfühlungsruf, der
die Bedeutung hat: „Ich bin hier, mir geht's gut." Haben sie die
Geschwister aus dem Auge verloren, bringen sie einen schrillen
Ruf, das „Weinen des Verlassenseins". Lorenz (1935) beschreibt
sehr anschaulich, wie eine Stockentenmutter darauf reagiert: „Die
Mutter bleibt auf das Weinen der zurückgebliebenen Küken hin
zunächst stehen, macht sich lang und verstärkt den ohnehin dau-
ernd ausgerufenen Führungslaut. Kommen darauf die Nachzügler
nicht nach, sondern weinen weiter, so rennt die Mutter, nun diesmal die noch in ihrem Gefolge befindlichen Kinder augenschein-
lich vergessend, zu den verlorenen zurück. Bei diesen angekommen, sagt sie den Begrüßungs- und Unterhaltungslaut, in den die
wiedergefundenen Küken ‚freudig' einstimmen. Dann sind die
Tiere solange zufrieden und in Ruhe, bis die vorher bei der Mutter
befindlichen und nun verlassenen Kinder zu weinen beginnen, die
dem Zurückstürmen der Mutter schon aus der früher beschriebenen psychischen Unfähigkeit, spitze Winkel zu laufen oder gar am

Platze umzukehren, durchaus nicht folgen konnten. Darauf wiederholt die Mutter ihr Verhalten von vorhin; die jetzt bei ihr befindlichen Kinder aber machen im Gegensatz zur ersten Gruppe einen Versuch, ihr zu folgen, was ihnen aber nur auf einer Strecke von einigen Metern gelingt, da die Alte in diesem Sonderfalle ihre sonstige ‚Schnellgehhemmung‘ vollständig verloren hat. Immerhin geraten sie aber doch etwas näher an die erste Gruppe der Küken heran. Inzwischen hat die erste Kükengruppe lange genug ‚am Platze geweint‘, um die vorherige Marschrichtung vergessen zu haben, ist also psychisch fähig, der Mutter ihrerseits einige Meter nachzueilen, wenn sie wiederum zu der jetzt verlassenen und weinenden Gruppe zurückstürmt. Auf diese Weise werden langsam die beiden Gruppen einander genähert, bis sie sich schließlich bei einem gewaltigen Unterhaltungstonpalaver wieder vereinigen.“

Das Weinen des Verlassenseins scheint sich bei vielen Arten von Rufen nicht zu unterscheiden, die frierende oder hungrige Junge ausstoßen. Gänse- und Schwanenküken verfügen zusätzlich über Ruhelaute, mit denen die Schar ihre Rastperiode festlegt. In dieser Zeit werden die kleinen Jungen von der Mutter gewärmt.

e) Das Lummenspringen

Wenn die jungen Lummen noch nicht voll flugfähig sind, werden sie abends plötzlich unruhig. Sie streben zur Felskante hin, vor der sie bisher zurückschreckten, und ihr Stimmfühlungsruf hört sich jetzt wie ein heiseres Krähen an. Die Eltern haben nur 3 Tage Zeit, sich an diesen neuen Laut zu gewöhnen. Dann ist dessen persönliche Kenntnis für das Junge lebenswichtig, denn am Abend des 3. Tages nach dem Stimmbruch stürzt sich das Junge vom Felsen, der über 100 m hoch sein kann. Es schlägt dabei heftig mit den Flügeln und bremst damit die Fallgeschwindigkeit. Dennoch werden alle Jungen zerschmettert, die auf den Fels treffen. Kolkraben und Raubmöwen halten die Nachlese. Nur wer im Gras oder im Wasser landet, überlebt den Sprung. Sofort nach dem Absprung des Jungen fliegen die Eltern hinterher und landen im Wasser. Mit ihren Rufen finden sich Eltern und Junge wieder zusammen und schwimmen auf die See hinaus. Tschanz konnte nachweisen, daß sich Eltern und Junge wechselseitig an der Stimme persönlich erkennen.

f) Verständigung im Spatzenschwarm

Bis auf die kurze Brutperiode von April bis Juni leben die Feldsperlinge in Schwärmen. Sitzt so ein Schwarm in einer dichten Hecke, klingen einem vielseitige Stimmen entgegen. Sie drohen und balzen sich an, singen leise, rufen plötzlich Alarm und fliegen, wenn die Luft rein ist, in das nahe Getreidefeld. Um die 100 und mehr Individuen eines solchen Schwarmes aufeinander abzustimmen, verfügen die Feldspatzen über drei verschiedene Stimmfühlungsrufe (Berck, 1961). Den einen bringen sie bevorzugt vor dem Abfliegen und beim Abfliegen, den zweiten vor allem im Fluge und den dritten bei der Nahrungssuche, im Fluge und vor dem Nistkasten. Gisela Deckert (1962) hört sogar an Varianten des einen Rufes, ob der Flug kurz sein oder über große Strecken gehen wird. Wir dürfen ziemlich sicher sein, daß dies die Vögel ebenfalls können.

g) Rufe vom nächtlichen Himmel

Jeden Spätsommer und Herbst verlassen viele Vogelarten die gemäßigten Zonen und verbringen die Zeit bis zum Frühjahr in günstigeren Gebieten. Besonders die Weitstreckenzieher unter den Kleinvögeln fliegen dabei nachts. Auf dem Zuge halten manche Arten, die man sonst nicht in Schwärmen antrifft, in Gruppen zusammen. Da sie sich nachts nicht sehen können, bleibt als Mittel des Zusammenhalts nur die Stimmfühlung. Es gibt eine ganze Reihe von Arten, die dafür einen besonderen Ruf entwickelt haben. Spielt man diesen Laut im Käfig gehaltenen Artgenossen bei Nacht vor, fliegen sie blindlings gegen die Decke, selbst wenn sie auf diese Weise schon oft schlechte Erfahrung gemacht haben (Hamilton, 1962). Der Trieb mitzufliegen ist für zuggestimmte Vögel unwiderstehlich. Wahrscheinlich werden auch rastende wildlebende Vögel von den Rufen fliegender Artgenossen mitgerissen.

h) Betteln der Jungen

Schlüpft ein junger Gartenbaumläufer aus seinem Ei, ist er nackt, blind und hilflos. Er wiegt bei der Geburt 0,8 g. Seine Lebensäußerungen sind ganz darauf abgestellt, möglichst schnell ein Gewicht von 8—9 g — so viel wiegt ein Altvogel — zu erreichen. Er muß dazu essen und wärmer als seine Umgebung sein. Essen bekommt er von seinen Eltern, Wärme allein von der Mutter.

Das Junge tut dazu aktiv nicht viel. Am 1. Tag sperrt es oft spontan, indem es seinen Hals hochreckt und den Schnabel aufsperrt, läßt sich dazu aber auch von den Fütterlauten der Alten bewegen. Diese Fütterlaute werden von den Eltern nur geäußert, wenn die Jungen nicht sperren. Sehen können die Jungen in den ersten Tagen noch nicht. Die Jungen haben ihrerseits die Möglichkeit, durch Bettellaute ihre Eltern zum Herbeibringen des Futters zu bewegen. Die meisten Nesthockerjungen machen hiervon Gebrauch, die vor Feinden relativ sicheren Höhlenbrüter mehr als die gefährdeten Freibrüter.

Haartman (1953) nahm sechs von sieben jungen Trauerschnäppern aus dem Nest. Da nur noch ein Junges im Nest war, fütterten die Eltern sehr schnell viel weniger. Wurden die inzwischen sehr hungrigen Jungen so neben das Nest gebracht, daß die Eltern nun wieder alle sieben hören, aber nur eines sehen konnten, stieg die Zahl der versuchten Fütterungen sprunghaft auf das Doppelte. Natürlich konnte die Futterschwemme von dem einen Jungen nicht bewältigt werden, so daß die Eltern das Futter schließlich selbst fraßen.

Unbedingt nötig sind Bettellaute junger Amseln für ihre Aufzucht nicht, denn ein taubes Amselpaar zog mehrere Bruten in der Voliere groß. Allerdings darf man diese Gefangenschaftsbeobachtungen nicht auf die Bedingungen in der freien Natur übertragen, denn allein das viel größere Futterangebot in der Voliere könnte zum Erfolg der Aufzucht geführt haben.

i) Betteln der Alten

Im Anschluß an das Betteln der Jungen wollen wir einige Singvögel in der Zeit der Eiablage belauschen. Unser Beispiel bietet diesmal die Kohlmeise. Zur Zeit der Eiablage könnte man meinen, im Garten oder Wald seien ausgeflogene Jungmeisen. Es hört sich genauso an, und beobachtet man das futtersuchende Paar, sieht man das Weibchen — kenntlich an seinem weniger ausgeprägten schwarzen Streifen an der Brust — oft aufgeplustert auf einem Zweig sitzen. Von Zeit zu Zeit läßt es sein Bettelgeschrei (Abb. 34) hören, und kommt das Männchen in seine Nähe, vibriert das Weibchen mit den Flügeln, verhält sich also auch in der Bewegung wie ein Jungvogel. Ganz im Gegensatz zu seinen Gepflogenheiten im Winter, wo wir die Kohlmeisen vom Futterbrett her als sehr futterneidisch kennen, bringt das Kohlmeisenmännchen zur Brutzeit seiner Partnerin die besten Brocken. Wozu das gut ist, wissen

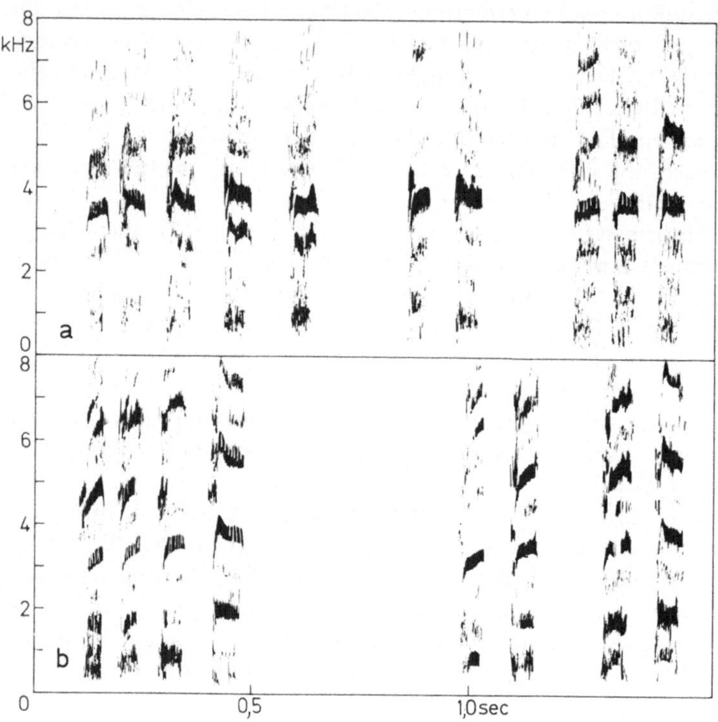

Abb. 34. a Bettellaute fast flügger Kohlmeisen. b „Balz"-Bettellaute eines Kohlmeisen-Weibchens

wir nicht. Es könnte als Teil der Balz helfen, die Partner aufeinander abzustimmen. Vielleicht ist es außerdem eine echte Ernährungshilfe für das durch die Eiablage strapazierte Weibchen, das bis zu 13 Eier legt.

k) Abwehr von Nestfeinden

Die Nester der Vögel sind nicht nur für Menschen anziehend, sondern auch für Eichelhäher, Elstern, Eichhörnchen, Marder, Wiesel, Mäuse und manche andere. Einige dieser Nesträuber, wie

54

Eichelhäher, können Höhlenbrütern normalerweise nicht gefährlich werden. Erscheint jedoch ein Wiesel oder eine Maus am Höh-
leneingang einer brütenden Meise, schlägt ihnen ein explosions-
artiges Zischen entgegen. Das erschreckt selbst einen Menschen,
gleich, ob er mit diesem Geräusch rechnet oder nicht. Meistens

Abb. 35. Brütende Kohlmeise in der Endphase des Abwehrzischens gegen
Nestfeinde. Nach Gompertz 1967

hört man nur das Zischen, hat man jedoch Einblick in eine Nest-
höhle wie Terry Gompertz (Abb. 35), läßt sich viel mehr feststellen.

Die ganze Handlung läuft etwa so ab: Die Meise legt das Ge-
fieder an, bewegt den Kopf nach hinten, so daß der Schnabel
fast nach oben zeigt, öffnet ihn und erhebt sich etwas nach hinten.
Plötzlich schlagen die Flügel gegen die Höhlenwände, und der
Kopf schnellt vor. Unmittelbar an das Flügelgeräusch schließt sich
das Zischen an (Abb. 36). Der Schwanz wird dabei extrem ge-
spreizt, und der Vogel fällt in die Nestmulde zurück. Das Zischen
kann viele Male wiederholt werden. Wir haben hier ein schönes
Beispiel, wie Bewegung und Laute zu einer eindrucksvollen Handlung vereinigt sind. Wie stark das einen Marder oder ein Wiesel beeindruckt, wissen wir zwar nicht; die Verhaltensweise tritt

jedoch bei allen daraufhin untersuchten Meisen auf, und schon allein das spricht für ihren Wert. Zischen als Abwehr kommt im Tierreich häufig vor. In diesem Zusammenspiel mit Bewegungen ist es jedoch allein für die Meisen kennzeichnend.

Selbst noch nicht flügge junge Meisen verfügen in ihren letzten Nestlingstagen über das Zischen. Das frühzeitige Auftreten dieses

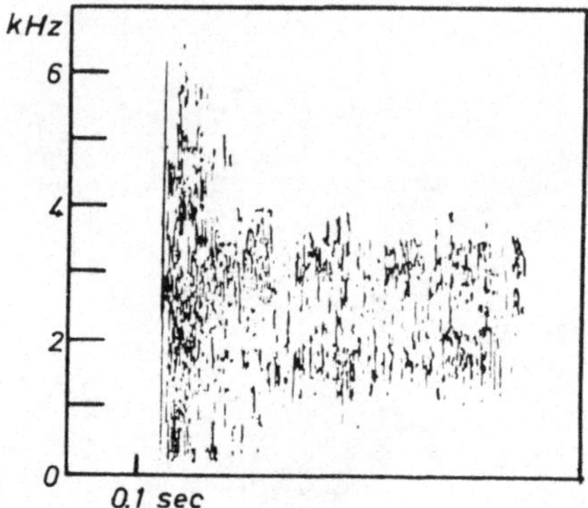

Abb. 36. Klangspektrogramm vom Zischen der Kohlmeise. Der erste senkrechte Strich gibt das einleitende Flügelschlagen wieder. Nach Gompertz 1967

Verhaltens ist durchaus sinnvoll, denn nur zu Beginn der Nestlingszeit hält sich das Weibchen regelmäßig zum Wärmen bei den Jungen auf, später kommen die Eltern lediglich zum Füttern.

Wie automatisch die ganze Zischhandlung abläuft, läßt sich an handaufgezogenen Meisen beobachten. Obwohl sie mit dem futterspendenden Menschen vertraut sind, kann mitunter ein von ihm ausgehender Anlaß zu minutenlangem Zischen führen.

1) Verleiten

Im vorigen Abschnitt wurde geschildert, wie sich Meisen ihrer Nestfeinde durch Erschrecken erwehren. Andere Arten haben sich etwas anderes „einfallen" lassen. Die Gelege am Boden brütender Vögel sind besonders vielen Gefahren ausgesetzt. Mäuse, Katzen, Marder, Wiesel, Iltisse, Füchse, Igel und nicht zuletzt Menschen schätzen Eier als Nahrung. Gegen einige dieser Räuber wirkt eine geradezu raffiniert erscheinende Verhaltensweise nahezu immer.

56

Taucht ein Fuchs in der Nähe eines Regenpfeifernestes auf, erhebt sich der brütende Vogel und läuft schnell so vom Nest, daß ihn der Fuchs möglichst nicht sieht. Ist er weit genug vom Nest entfernt, fliegt er in die Nähe des Räubers und fällt plötzlich in Zuckungen, breitet die Flügel aus, ruft auffällig, schleift den „gebrochenen Flügel" humpelnd über den Boden (Abb. 37), huscht

Abb. 37. Verleitender Seeregenpfeifer. Nach Simmons 1955

dann wie eine Maus fort und ist im nächsten Moment schon wieder „schwer krank". Dieser leichten Beute kann kein Fuchs widerstehen. Er versucht sie zu erhaschen; merkwürdigerweise entzieht sie sich aber jedesmal dem Griff im letzten Moment. Ist der Fuchs auf diese Weise weit genug fortgelockt, fliegt der Vogel mit einemmal „kerngesund" zu seinem Nest zurück. Die sprichwörtliche Schlauheit Reinekes versagt vor diesem durchsichtigen Manöver, das die Ornithologen „Verleiten" nennen. Der kleine Regenpfeifer erscheint als klug. Freilich ist für dieses Verhalten nicht die Intelligenz, sondern der Instinkt des Vogels verantwortlich. In Hunderttausenden von Jahren hatten immer diejenigen Regenpfeifer die meisten Jungen, die das Verleiten am besten beherrschten. So hat es sich zu seiner heutigen so klug aussehenden Vollkommenheit entwickelt. Ob die Rufe beim Verleiten

entscheidend oder überhaupt auf den Räuber wirken, ist ungewiß.
Vielleicht dienen sie bloß der Alarmierung des Partners oder ver-
anlassen die noch nicht flüggen Jungen, still zu verharren.

m) Alarm*

Außer vom Gesang wird am häufigsten über Vogelstimmen berichtet, die eine tatsächliche oder mögliche Gefahr anzeigen. Das
ist sicher nicht zufällig, denn Gefahren lauern auf Vögel und ihre

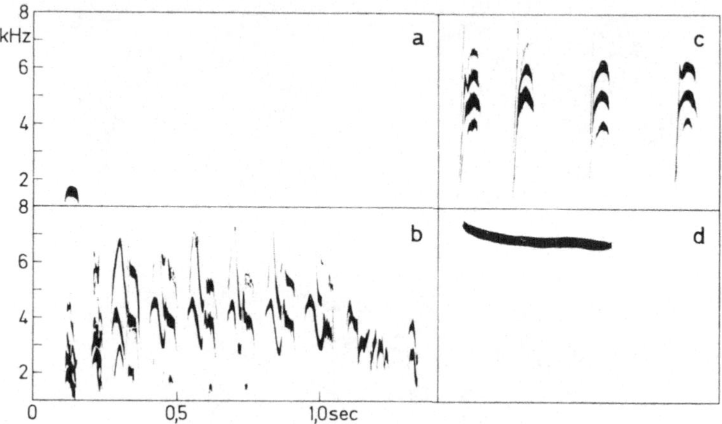

Abb. 38 a—d. Alarmrufe der Amsel. a Ducken, b Zetern, c Tixen, d Luftalarm

Brut fast überall. Alarmrufe sind deshalb weit verbreitet und oft
zu hören. Dazu kommt, daß der Mensch selbst als Räuber behandelt wird, also reichlich Gelegenheit hat, Erfahrungen zu sam-
meln, wie Vögel in gefährlichen Situationen reagieren.

Manche Arten bedienen sich einer vielfältigen Skala von Rufen
gegenüber Räubern. Amseln haben dazu fünf verschiedene: das
Ducken, das Zetern, das Tixen, den Luftalarmruf (Abb. 38) und
den Angstschrei.

Das Ducken zeigt eine mögliche Gefahr am Nest an, tixende
Amseln sind stärker erregt, Zetern hört man von in Deckung stür-
zenden Vögeln. Der Luftalarmruf ist vor allem auf gefährliche
Greifvögel gemünzt, und den Angstschrei stoßen vom Feind

* Die Quellen zu diesem Abschnitt sind in Abhandlungen von Curio (1963)
und Thielcke (1970) zusammengefaßt.

gegriffene Amseln aus. Wie andere Laute auch, sind diese Rufe nicht
nur in einer Situation zu hören. Die hier aufgezeigten Zuordnun-
gen sind also sehr vereinfacht. Der Waldbaumläufer kommt mit
einem Ruf für alle oben angegebenen Situationen aus. Nur den
Angstschrei ändert er zum Teil etwas ab. Viele Arten greifen in
Nestnähe selbst übermächtige Feinde tätlich an, wobei sie besondere Laute hervorstoßen oder ihre normalen Alarmrufe etwas ab-
wandeln (Abb. 39). Seeschwalben können Menschen dabei mit

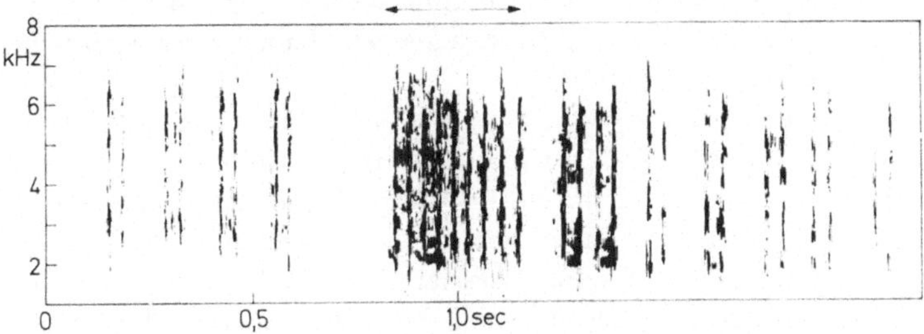

Abb. 39. Alarmrufe einer Wacholderdrossel im Fluge. Der Vogel fliegt direkt
auf den Räuber zu, schießt mit Kot und biegt direkt über dessen Kopf wieder
ab. In dem mit einem Doppelpfeil gekennzeichneten Abschnitt ist der Vogel
dem Feind am nächsten; die Rufe werden zu dieser Zeit schneller gereiht und
sind lauter

ihrem Schnabel blutige Kopfwunden zufügen. Die Wacholderdrossel spritzt dem Nesträuber Kot ins Gesicht. Die Wirksamkeit
dieser Methoden kann ich aus eigener Erfahrung bezeugen.

Viele Arten haben für Bodenfeinde und jagende Luftfeinde verschiedene Rufe. Rabenkrähen streben sofort einem hohen Aus-
sichtspunkt zu, wenn sie den Luftalarmruf hören. Haben sie den
fliegenden Habicht erblickt, fliegen sie hoch in die Luft und greifen ihn von oben an, denn er kann ihnen nur gefährlich werden,
wenn er sich von oben auf sie stürzen kann. Setzt sich der Habicht
hin, tun das die Krähen in einiger Entfernung ebenfalls. An Stelle
des Luftalarmrufes bringen sie nun den Bodenalarmruf. Dabei
behalten sie den Habicht genau im Auge und beginnen jedesmal
ohrenbetäubend zu schreien, wenn er sich ein wenig bewegt. Dieses Hassen, wie es genannt wird, ist unter Singvögeln, zu denen
auch die Krähen gehören, weit verbreitet. Es braucht sich tagsüber
nur eine Eule zu zeigen, schon ist sie von einer Schar lärmender

Amseln, Buchfinken und Meisen umringt, die laut zeternd in einiger Entfernung des Räubers umherfliegen und mit ihrem Geschrei immer mehr Vögel anlocken.

Wo der Sperlingskauz vorkommt, genügt es, seinen melodischen Pfiff nachzuahmen, und schon kommen die ersten Tannenmeisen, Buchfinken und Waldbaumläufer alarmrufend herbei. Über den Sinn des Hassens sind vielerlei Ansichten geäußert worden. Wahrscheinlich dient es dem Kennenlernen des Feindes, vielleicht auch des Ortes, wo der Räuber gerne ruht. Vögel haben für Plätze, an denen sie unliebsame Erfahrungen gemacht haben, ein ausgezeichnetes Gedächtnis.

Der Sperlingskauz jagt tagsüber. Seine Hauptbeute sind Kleinvögel, für die es besonders wichtig ist, möglichst immer zu wissen, wo er sich aufhält, denn ein erkannter Feind kann kaum noch gefährlich werden. So haben sich die Kleinvögel in Sperlingskauzrevieren auf den Ruf selbst dressiert. Der findige Vogelkundler macht sich das zunutze und stellt mit seinen Sperlingskauznachahmungen an der Kleinvogelreaktion fest, ob der Kauz in einem bestimmten Gebiet vorkommt.

Bodenräuber lösen meistens die gleichen Alarmrufe aus wie sitzende Eulen. Die Krähen hassen damit auch auf den ruhenden Habicht. Kleinvögel geben aus der Deckung heraus ihren Luftalarm, wenn sie einen fliegenden Sperber sehen. Bei großer Erregung zeigen sie damit auch einen sitzenden Sperber an. Hören andere Vögel diesen Ruf, „frieren sie ein", d. h. verharren bewegungslos, wenn sie an einem sicheren Ort sitzen, oder stürzen von einem unsicheren Platz in Deckung.

Wie die Krähen auf den Habicht, hassen die Schwalben auf ihren Hauptfeind, den Baumfalken, ebenfalls im Fluge. Vorher müssen sie ihn aber übersteigen, sonst sind sie meistens verloren. Spezialisten können an dem Ruf der Rauchschwalben erkennen, ob sie auf einen Baumfalken oder auf einen Sperber hassen. Der Sperber ist im Gegensatz zum Baumfalken kein sehr ernst zu nehmender Feind für eine Schwalbe. Puten zeigen hoch- und niedrigfliegende Bussarde mit verschiedenen Lauten an. Das sind Beispiele, wie manche Arten verschiedene Situationen sehr fein mit mehreren Rufen kennzeichnen. Wir dürfen ziemlich sicher sein, daß nicht nur wir, sondern auch die Vögel diese Nuancen verstehen.

Erfahrungslose Haushuhnküken reagieren wie Erwachsene auf die elterlichen Luftalarmrufe, denn sie verstummen schon im Ei sofort, wenn sie sie hören. Eben geschlüpfte Goldfasanenküken stieben nach allen Richtungen, sowie sie ihre Mutter warnen hören, obwohl sie sonst noch sehr schwach auf den Beinen sind. Mutterlos aufgezogene Auerhuhnküken, die zuvor nie einen Flugfeind gesehen hatten, suchten den Himmel ab, als sie den imitierten Luftalarmruf hörten.

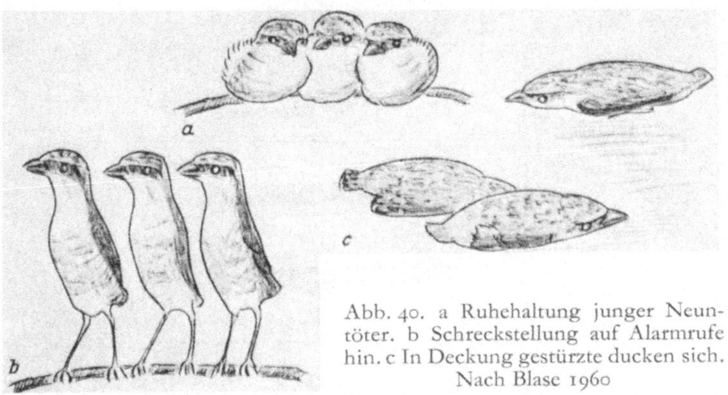

Abb. 40. a Ruhehaltung junger Neuntöter. b Schreckstellung auf Alarmrufe hin. c In Deckung gestürzte ducken sich. Nach Blase 1960

Nesthocker, also Arten, die im Gegensatz zu den Nestflüchtern nach dem Schlüpfen noch einige Zeit von den Eltern im Nest versorgt werden, verstummen im Nest und drücken sich tief in die Mulde, wenn die Eltern Alarm rufen. Sind die Jungen sehr weit entwickelt, können andauernde Alarmrufe die Jungen zum Verlassen des Nestes bringen. Besonders empfindlich reagieren sie auf den Angstschrei eines Geschwisters. Alle stürzen dann augenblicklich in alle Richtungen aus dem Nest. Damit erreichen sie, daß nicht alle Jungen eine Beute des Räubers werden, denn auf den Boden gedrückt, sind sie vor den schärfsten Augen weitgehend sicher.

Mit Angstschreien kann man sogar erwachsene Rabenvögel vom Schlafplatz und Sperlinge nachts aus ihren Höhlen treiben. Eben ausgeflogene, auf Kontakt sitzende Neuntöter schnellen sofort hoch, wenn sie arteigene Alarmrufe hören, „frieren ein" oder stürzen blindlings zu Boden, wo sie flachgedrückt bewegungslos verharren (Abb. 40). Dorngrasmücken und Zilpzalpe locken ihre

ausgeflogenen Jungen mit besonderen Rufen aus der Gefahren-
zone.

In der Abb. 38 haben wir einen Luftalarmruf der Amsel kennengelernt. Marler (1956) hat diese Rufe von verschiedenen Arten
miteinander verglichen und dabei interessante Übereinstimmungen festgestellt. Obwohl Amseln, Kohlmeisen und Rohrammern

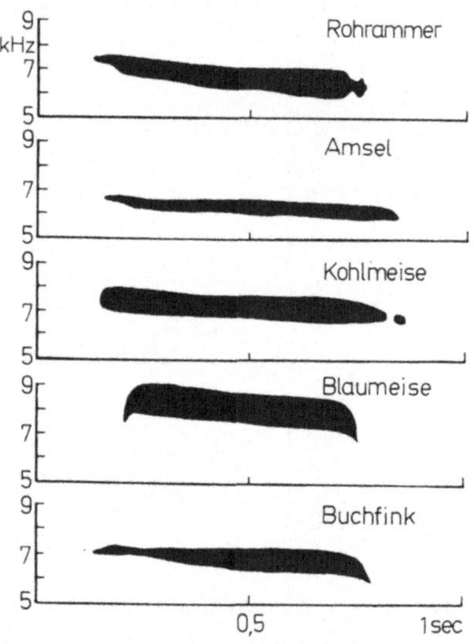

Abb. 41. Luftalarmläute von fünf Arten. Nach Marler in Thorpe 1961

nicht näher miteinander verwandt sind, kann man ihre Luftalarmrufe nicht voneinander unterscheiden (Abb. 41). Das steht im Gegensatz zu der in einem früheren Kapitel aufgestellten Behauptung, daß die Stimmen arteigen seien. In diesem Fall sind sie es
nicht. Dafür werden besondere Gründe vorliegen. Alle in Abb. 41
aufgezeichneten Luftalarmrufe sind sehr hoch, langgezogen, beginnen und enden leise, bleiben etwa auf gleicher Tonhöhe und
werden in größeren Abständen unregelmäßig wiederholt. Die
meisten dieser Eigenschaften erschweren die Ortung einer Schallquelle. Marler hat hierin die Ursache für die Übereinstimmung bei
den verschiedenen Arten angenommen. Die Wirkung des Rufes
auf den Menschen ist verblüffend. Selbst wenn die Alarmrufe von

einem gefangenen Vogel aus der eigenen Hand kommen, hat man
den Eindruck, sie tönten von überall her, nur nicht von dem Vogel
selbst. Ungeklärt ist jedoch, ob der Sperber tatsächlich akustisch
jagt. Die ähnliche Ausbildung von Alarmrufen könnte auch das
Ergebnis einer gegenseitigen Angleichung der Stimmen sein, um
die Verständigung über die Artgrenzen hinaus zu fördern. Warum

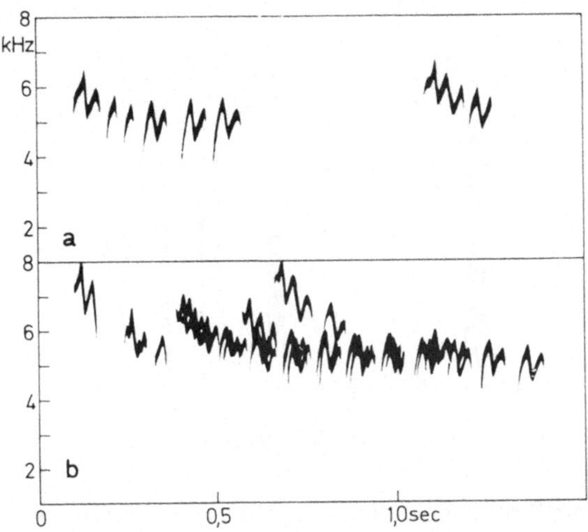

Abb. 42. a Luftalarmlaute von einer Schwanzmeise, b von mindestens vier
Schwanzmeisen gleichzeitig

aber das Resultat ein schlecht zu ortender Laut geworden ist, läßt
sich mit der Annahme, die Verständigung der Kleinvögel untereinander sei maßgebend gewesen, nicht erklären. Wenn schlecht
zu ortende Luftalarmrufe einen Schutz für den Rufenden gewäh-
ren, hätten Schwanzmeisen das gleiche Ergebnis auf einem anderen
Weg erreicht. Die Rufe des einzelnen Vogels sind zwar gut zu orten,
da Schwanzmeisen aber fast das ganze Jahr im Schwarm leben, rufen bei tatsächlicher Bedrohung meistens mehrere (Abb. 42), und
das erschwert es dem Räuber, sich auf ein Opfer zu konzentrieren.

Nicht ganz so weitgehend ist die Aufhebung der Artspezifität
bei jenen Lauten, die gegenüber Bodenfeinden und Eulen geäußert werden. Die Art läßt sich fast immer mühelos an diesen
Lauten erkennen, obwohl sich hierin viele, aber keineswegs alle

Kleinvögel prinzipiell ähnlich sind (Abb. 43, 78). Bodenalarmlaute erstrecken sich über einen weiten Tonhöhenbereich, sind
kurz und werden rhythmisch wiederholt. Der Rufer kann es sich
in diesem Fall leisten, gut zu ortende Laute auszustoßen, da er
nach Erkennen der Gefahr selbst nicht unmittelbar bedroht ist
(Marler, 1957). Wahrscheinlich ist es sogar ein Vorteil, mit diesen

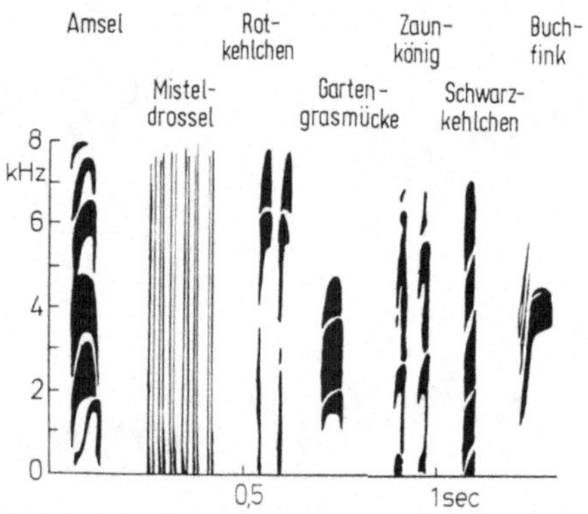

Abb. 43. Bodenalarmlaute von sieben Arten. Nach Marler in Thorpe 1961

Lauten schnell möglichst viele Gleichgesinnte zusammenzutrom-
meln, um den Feind zu vergrämen. Andererseits dürfte das Hassen
der Kleinvögel auf tags ruhende Eulen kaum zu deren dauernden
Vertreibung führen.

Die Häufigkeit, mit der die Vögel Alarm rufen, ist vor allem
von der Jahreszeit und dem jeweiligen Stadium des Brutzyklus
abhängig. Sind die Jungen kurz vor dem Ausfliegen, reagieren
die Eltern geradezu hysterisch auf die kleinste Beunruhigung, die
sie kurz zuvor überhaupt nicht beachtet hatten. Je näher ein Feind
dem Nest ist, um so mehr lärmen die Altvögel. Angstschreie eines
gegriffenen Jungen locken alle Artgenossen der Umgebung an und
provozieren Angriffe auf den Räuber. Vielleicht liegt der Haupt-
wert der elterlichen Reaktion in der Ablenkung der Feinde vom
Nest. Die in Kolonien brütenden Dohlen schnarren gemeinsam,
wenn man ein befiedertes Junges in die Hand nimmt. Sogar eine
Dohle mit einer schwarzen Feder im Schnabel löst das Schnarren
aus. Das zeigt, wie uneinsichtig die Handlung abläuft.

64

n) Der Stimmenschatz der Baumläufer

Neben dem Gesang verfügen unsere beiden Baumläuferarten über mehr als zehn verschiedene Rufe. Mit acht davon wollen wir uns hier näher befassen, da bei ihnen die soziale Bedeutung recht gut bekannt ist.

Kommt ein Männchen singend in das Revier eines anderen Paares, bekommt es als Antwort schnellgereihte Rufe zu hören (Abb. 44a, b), die dem Eindringling unmißverständlich klarmachen, daß dieser Waldabschnitt bereits besetzt ist. Nur wer mit den Baumläufern gut vertraut ist, hört diese Stimmen. Sie klingen beim Gartenbaumläufer wie ein zartes Amseltixen. Für ein Baumläufermännchen dürften sie ganz eindeutig sein, da sie nur gegen Rivalen angewendet werden.

Kontrolliert man zu Anfang der Brutzeit ein Baumläufernest, verläßt das Weibchen das Gelege und läßt nur die feinen Stimmfühlungsrufe ertönen, wie man sie bei jedem Ortswechsel eines Baumläufers vernehmen kann (Abb. 44g, h); gegen Ende der Bebrütungszeit werden die Baumläufer bei solchem Anlaß immer erregter. Das Ergebnis sind kurze, beim Gartenbaumläufer wie *tüt* klingende Rufe, die mit größeren Pausen gereiht werden. Schon zu Ende der Nestlingszeit verfügen die Jungen über diesen Alarmruf. Ein sehr ähnlicher Ruf ist auch bei innerartlichen Auseinandersetzungen zwischen zwei Männchen zu hören. In diesem Zusammenhang ist er jedoch variabler und wird schneller gereiht (Abb. 44c, d).

Greift man einen befiederten Jungvogel aus dem Nest, stößt er hohe schrille Laute aus, woraufhin alle Jungen versuchen, das Nest zu verlassen. Auch alte Baumläufer bringen den Angstschrei, wenn sie gegriffen werden (Abb. 44e, f), Waldbaumläufer merkwürdigerweise häufiger als Gartenbaumläufer, ohne daß man dafür einen Grund angeben könnte.

Dem Zusammenhalt des Paares dienen zwei Stimmfühlungsrufe, einer mit Nah- (Abb. 44g, h) und einer mit Fernwirkung (i, k). Der Fernkontaktruf *srih* ist für ältere Junge der Bettelruf um Futter. Beim Balzfüttern ist er vom Männchen und vom Weibchen zu hören.

Baumläufer sind zwar das ganze Jahr über territorial, d. h. die Männchen verteidigen ihre Reviere gegen Rivalen, im Winter

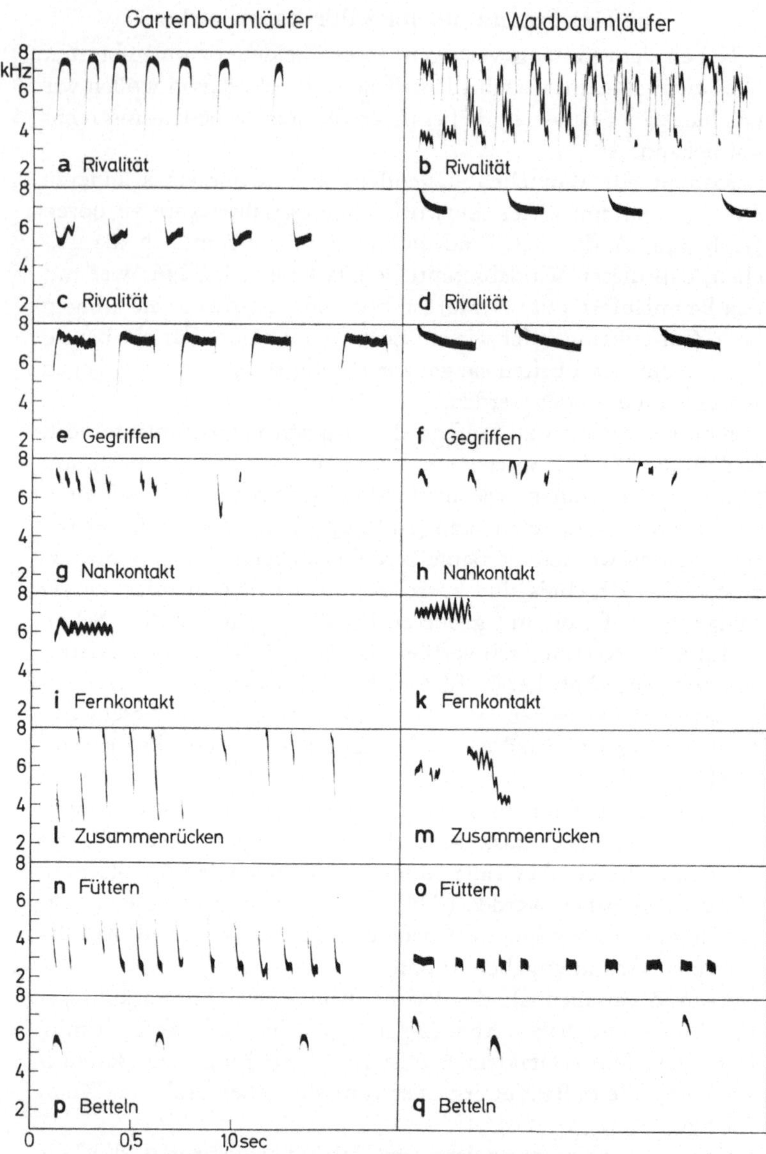

Abb. 44a—q. Laute von Garten- und Waldbaumläufer. Die abgebildeten Zusammenrück-Laute des Waldbaumläufers stammen von Jungvögeln, die Bettellaute des Waldbaumläufers von zwei Nestlingen

wird diese Regel aber durchbrochen, denn in kalten Winternächten schlafen die benachbarten Gartenbaumläuferpaare auf engem Federkontakt (Abb. 45). Wo sie sehr dicht siedeln, wie in Parkanlagen mit alten Eichen, können bis zu 20 Baumläufer zu einer

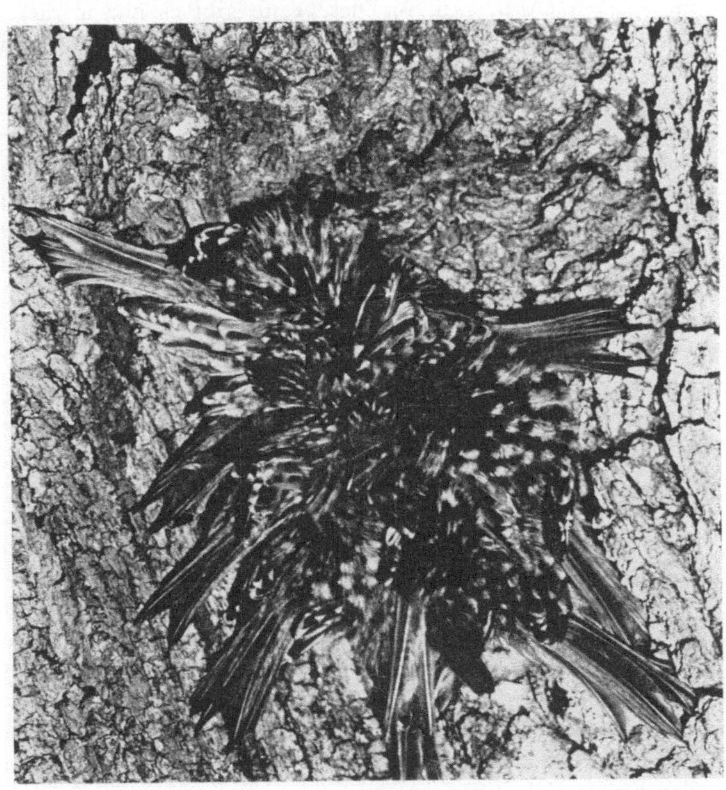

Abb. 45. Im Winter auf Federkontakt schlafende Gartenbaumläufer. Auf der Aufnahme sind 9 von etwa 15 Individuen zu sehen. Nach Löhrl 1955

Schlafgemeinschaft zusammenkommen. Wahrscheinlich um die gegenseitige Abneigung zu überwinden, äußern sie am Schlafplatz Laute, die man sonst nie von ihnen hört (Abb. 441, m). Junge ausgeflogene Baumläufer schlafen ebenfalls auf Kontakt. Es muß schon sehr kalt werden, damit Waldbaumläufer die Scheu vor der Berührung mit einem Kumpan überwinden. In der Voliere waren dafür $-14°C$ notwendig. Der Waldbaumläufer ist offensichtlich recht gut kälteangepaßt, denn er überwintert sogar in der Polarnacht Skandinaviens.

Baumläufereltern bringen ihre Jungen mit besonderen Rufen zum Sperren (Abb. 44n, o). Diese Rufe gibt es nur in dieser Situation; sie sind so leise, daß man sie nur aus unmittelbarer Nähe hört. Die Bettelrufe der Jungen wandeln sich mit zunehmendem Alter kontinuierlich. Wir werden darauf noch zurückkommen. In der Abb. 44p, q sind die Bettellaute von Jungen an ihren ersten beiden Lebenstagen dargestellt.

Dieser Überblick ist unvollständig und stark vereinfacht. Es gibt eine ganze Reihe sehr leiser Rufe, die ich bisher nicht auf Band habe, weil sie nur selten zu hören sind; andere Laute kann ich bisher funktionell nicht genau genug einordnen. Ohne eingehende Freilandbeobachtungen wäre selbst diese noch unvollkommene Darstellung nicht möglich gewesen. Allerdings lag das Schwergewicht meiner Untersuchungen auch nicht in der funktionellen Zuordnung der einzelnen Laute. Die folgenden Abschnitte werden das an verschiedenen Stellen zeigen.

o) Ein Überblick

Gegenüber dem viel auffälligeren Gesang sind die Laute von den Wissenschaftlern bisher etwas stiefmütterlich behandelt worden; sehr zu Unrecht, wie die vorangegangenen Kapitel gezeigt haben. Über die Bedeutung vieler Laute im Zusammenleben eines Vogelpaares oder einer Gruppe wissen wir oft nur sehr wenig oder gar nichts. Um hinter den Sinn der Laute zu kommen, müssen wir zunächst einen Katalog aufstellen, in welchen Situationen sie zu hören sind. Über diesen ersten Schritt sind wir in vielen Fällen bisher nicht hinausgekommen. Aber auch in diesem Stadium gibt die folgende Zusammenfassung einen Eindruck von der Vielfalt der stimmlichen Verständigungsmöglichkeit.

Der Umgang mit Artgenossen erfordert nicht nur friedliches, sondern oft auch sehr bestimmtes Auftreten. So gehört das Drohen mit bestimmten Gesten und Lauten beinahe zu den alltäglichen Formen des Zusammenlebens. Drohen kann ganz verschieden aggressiv gemeint sein. An dem einen Ende der Laut- und Bewegungsskala steht der Angriff, auf der anderen Seite Demutslaute und -haltungen, die den Angreifer besänftigen. Vom Artgenossen verursachter Schmerz kann ebenfalls mit einem bestimmten Ruf beantwortet werden.

Sehr vielfältig sind die stimmlichen Ausdrucksmittel, mit denen Räuber angezeigt, vertrieben oder fortgelockt werden. Wir haben darüber auf den Seiten 54—64 ausführlich berichtet.

Um ein Vogelpaar zusammenzuhalten und so aufeinander abzustimmen, daß beide Partner gleichzeitig zum Nestbauen, zur Begattung, zum Brüten, Füttern und Führen der Jungen bereit sind, haben sich viele Verhaltensweisen herausgebildet. Das Vokabular der Vögel ist auch hierfür reichhaltig. Besondere Laute dienen dem Partner zum Zusammenhalt, zur „Begrüßung", Brutablösung und Futterübergabe. Arten, die auf Federkontakt schlafen, haben Laute für das Zusammenrücken. Balz-, Bettel-, Nestzeige- und Begattungsrufe begünstigen wahrscheinlich die Synchronisation.

Außerhalb der Brutzeit halten viele Vogelarten in mehr oder weniger lockeren Schwärmen zusammen. Besondere Laute vor dem Abfliegen, während des Fluges und vor dem Landen deuten darauf hin, daß die Schwarmgenossen genau über die Absichten des anderen informiert werden und ihre Handlungen entsprechend aufeinander abstimmen. Von besonderer Bedeutung sind die nachts von Zugvögeln zu hörenden Laute. Einige Arten weisen Artgenossen mit ihren Rufen zu einer Futterquelle.

Manche Nestflüchterjunge gleichen ihr Schlüpfen mit Lauten aneinander an. Junge machen ihr Unbehagen den Eltern mit Lauten kund, die Verlassensein, Kälte, Hunger oder Schmerz signalisieren. Ob die Eltern diese vier ganz verschiedene Verhaltensweisen erfordernden Bedürfnisse allein an den Lauten der Jungen erkennen können, ist noch ungeklärt. Nestflüchter und ausgeflogene Nesthocker bleiben untereinander und mit den Eltern in Stimmfühlung, womit ihr Zusammenhalt oder das Wiederfinden gesichert wird. Laute zum Rasten oder Zusammenrücken vervollständigen das Repertoire der Jungen, die ihrerseits von den Eltern mit Rufen zum Sperren bewegt oder angelockt, geführt und gehudert werden.

In besonderer Weise machen sich die mit unserer Nachtschwalbe verwandten Fettschwalme und die in Südasien beheimateten Salanganen ihre Laute nutzbar. Sie bauen ihre Nester in stockdunkle

Felshöhlen; eine Orientierung mit dem Auge ist dort unmöglich. Wie wir es von den Fledermäusen her kennen, benutzen sie das Echo ihrer eigenen Laute zum Zurechtfinden im Dunkeln. Das ist ein schönes Beispiel, wie ähnliche äußere Bedingungen in ganz verschiedenen Tiergruppen zu gleicher Lösung führen.

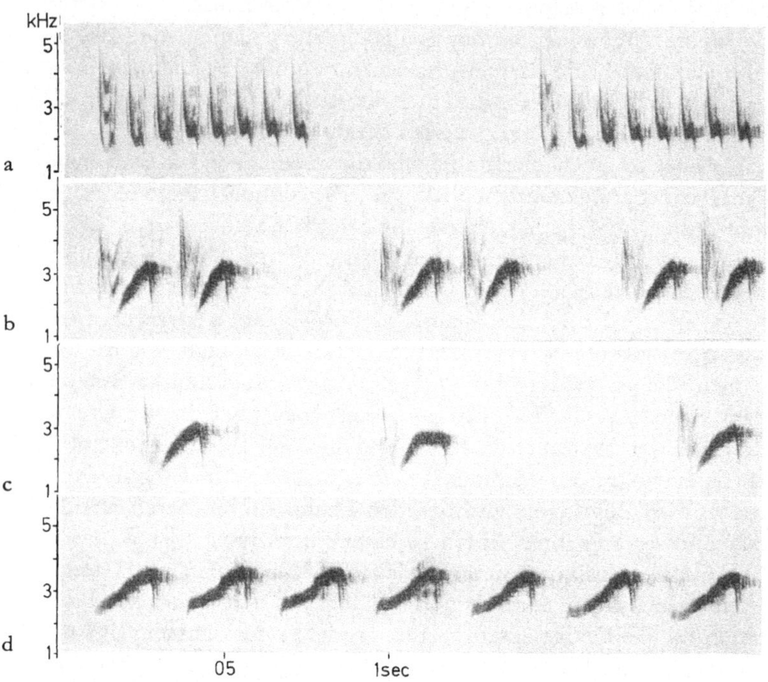

Abb. 46. Übergang der Rivalenlaute des Kleibers (a—c) in Gesang (d). Der Vogel wurde mit Kleibergesang gereizt. Als Antwort rief er zunächst sehr schnell und kurz (a), dann immer langsamer und länger (b, c). Der einzelne Laut in c unterscheidet sich von einem Gesangselement in d nur noch wenig. Die vier Spektrogramme sind Ausschnitte aus einer langen Stimmenfolge

Sehr oft ist es nicht einfach, die Bedeutung eines Lautes zu ermitteln. Dazu ein Beispiel: Der Gartenbaumläufer ruft sein *tüt* sowohl bei Luft- als auch bei Bodenalarm, wenn ein fremder Artgenosse an der Reviergrenze oder im Revier selbst auftaucht oder nach einer Auseinandersetzung mit einem Rivalen. Eine Unterscheidung ist in diesem Fall immerhin insofern mög-

70

lich, als Alarmrufe weniger variabel sind und langsam gereiht werden. Die stärker variierenden Rivalenlaute können dagegen ganz verschieden schnell gerufen und mit anderen Lauten kombiniert werden (Abb. 82). Es gibt aber auch Laute, die offenbar nur aus der jeweiligen Situation verstanden werden können. Sehr häufig gehen ganz verschiedene Laute ineinander über. Laute können sogar fließend in Gesang umgewandelt werden (Abb. 46). Ob Mischformen zweier Rufe eine neue Bedeutung bekommen, sei dahingestellt. Vielleicht sind die Mischlaute nur ein äußeres Zeichen von der Wandlung einer Stimmung des Vogels in eine andere, oder sie geben Kunde, daß die durch die Mischlaute verbundenen Rufe auf den gleichen Ursprung zurückgehen, also vor vielleicht 100000 Jahren aus einem Ruf hervorgegangen sind. Um hier eine einigermaßen sichere Entscheidung treffen zu können, wird noch viel Arbeit notwendig sein.

9. Lernen

a) Spötter

Hört man einen Star singen, kann man einige Überraschungen erleben. Neben seinem mit schlagenden Flügeln vorgetragenen Schmatzen gackert er plötzlich wie eine Henne, singt kurze Zeit später wie ein Kuckuck oder pfeift wie ein Pirol. Original und Nachahmung sind mitunter nicht zu unterscheiden. Dies scheint dem früher Gesagten zu widersprechen, denn ich hatte dort betont, daß man jede Art an ihren Stimmen sofort erkennen kann (S. 29).

Die Natur hat jedoch eine Sicherung eingebaut, die verhindert, daß schließlich alle alles singen. Der gespottete Anteil des Gesanges macht in der Regel den kleineren Teil des Repertoires aus, oft werden nur Bruchstücke anderer Arten nachgeahmt (Abb. 47), und außerdem können die Imitationen in der Klangfarbe entstellt sein. Tatsächlich reagieren die Männchen der imitierten Arten höchstens schwach auf vollständige Nachahmungen, wenn sie in den Gesang der spottenden Art eingebaut sind, aber sehr wohl, wenn ihre Strophe ausnahmsweise von dem Männchen einer anderen Art allein vorgetragen oder vom Tonband isoliert geboten wird (Tretzel, 1965 a, 1967).

Das Spotten vieler Vogelarten hat die Ornithologen schon in den vergangenen Jahrhunderten dazu angeregt, darüber nachzudenken, welche Anteile der Gesänge angeboren sind und welche erlernt werden müssen. Ferdinand von Pernau war zu Beginn des 18. Jahrhunderts seiner Zeit weit voraus, als er zu dieser Frage

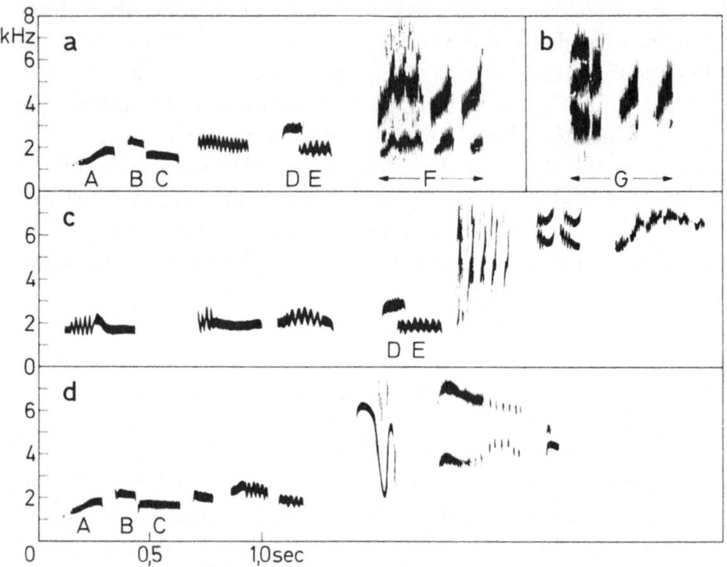

Abb. 47. a Strophe einer wildlebenden Amsel, 1960 aufgenommen. b Sonnenvogel-Alarmlaute. c, d zwei Strophen desselben Amselmännchens, 1959 aufgenommen. 1960 imitierte die Amsel (F) die Sonnenvogellaute (G). 1959 hatte sie Elemente der Strophe von a in anderer Zusammensetzung (c, d) gebracht, es fehlte ihr aber die Sonnenvogelimitation

bereits Versuche anstellte. Aber erst in jüngster Zeit ist es mit Hilfe von Tonband und Klangspektrograph möglich, das Problem erfolgversprechend anzugehen. Der Däne H. Poulsen (1951), der Engländer W. H. Thorpe (1954) und der Deutsche O. Koehler (1951) haben die Fragestellung nach dem Zweiten Weltkrieg erneut aufgegriffen.

b) Angeborenes und Erlerntes

Die Fähigkeit, etwas Gehörtes wiederzugeben, ist im wesentlichen auf die Singvögel, Kolibris, Papageien und den Menschen beschränkt. Ein Huhn kann ebensowenig Stimmen imitieren wie ein Hund. Nur etwa 0,4% aller Tierarten können auf diese Weise lernen. Mitunter wird scharf zwischen dem Vermögen, Arteigenes und Artfremdes nachzuahmen, unterschieden. Wie berechtigt das ist, sei dahingestellt.

Angeboren wollen wir in diesem Zusammenhang nur das nennen, was ein Vogel ohne akustisches Vorbild, aber mit der Selbstkontrolle über sein Gehör produzieren kann. Alles andere bezeichnen wir als erlernt. Was bei Ausschluß der Selbstkontrolle passiert, wird im Kapitel über die Jugendentwicklung abgehandelt.

Versuche über die Rolle von Angeborenem und Erlerntem sind nicht einfach. Ganz besonders schwierig sind sie aber auf akustischem Gebiet. Eine Voraussetzung ist die Abschirmung des Vogels gegen die Umgebung, und gerade die Herstellung schallisolierter Räume ist ein großes Problem. Mit den Wänden ist das alles nicht so schlimm, nicht einmal mit Türen und Fenstern. Ein Vogel benötigt aber auch Luft, und die in die Räume hineinzubekommen, ohne die Schallisolation zu beeinträchtigen, ist sehr schwierig, wenn der Arbeitsaufwand nicht untragbar werden soll. Ohne die Möglichkeit, sehr viele Versuche anstellen zu können, darf man bei jedem wissenschaftlichen Versuch nur einen, in seiner Wirkung unbekannten Faktor ändern, weil man sonst zu falschen Deutungen der Versuchsergebnisse kommen kann. Einem eine Woche nach dem Schlüpfen einzeln isolierten Singvogel nimmt man aber sehr viel mehr als nur die akustische Umwelt. Unter natürlichen Bedingungen wächst er mit Geschwistern auf, mit denen er oft sogar noch nach dem Flüggewerden zusammenhält, spielt, sich jagt, bedroht, anschreit und prügelt. Wir müssen also zunächst mit Sicherheit ausschließen, daß so etwas für die Ausbildung der Lautäußerung eine Bedeutung hat, indem wir in Gruppen aufgezogene Vögel mit einzelnen vergleichen. Weiterhin ist es notwendig, einzeln isoliert aufgezogenen Vögeln das ganze Gesangsrepertoire wilder Vögel über Tonband vorzuspielen. Wenn ein so beschallter Vogel einen normalen Gesang entwickelt, ist man ein gutes Stück weiter, denn nun lassen sich Unterschiede zum Gesang eines isolierten Männchens, das nichts zu hören bekam, einfach erklären. Der „unvollkommene" Gesang eines solchen Männchens muß auf dem Ausschluß der Lernmöglichkeit beruhen.

Im Gegensatz zu Hühnern und anderen nicht übermäßig anspruchsvollen Vogelarten ist die künstliche Aufzucht junger Singvögel vom Ei an erst wenigen geglückt, unter den erschwerten Bedingungen der Schallisolation nur F. Sauer und E. und Ingeborg Meßmer. Gerade die frühzeitige Isolation ist von großer Bedeutung, wenn man bedenkt, daß sich erst dreitägige Amselküken bereits auf eine Melodie dressieren lassen. E. und I. Meßmer (1956) brauchten ihnen dazu immer nur eine bestimmte Weise vorzupfeifen, wenn sie fütterten. Die Amseln sperrten dann sehr bald schon, wenn sie nur die ersten Töne hörten. Und dazu muß gesagt werden, daß ein Amselküken von 3 Tagen nackt und blind ist.

Wir wissen nicht, ob ein Amselküken etwas in so früher Jugend Gehörtes behalten kann. Genau nachahmen kann es das jedenfalls später nicht, aber vielleicht weniger genau? Immerhin ist bei einer Art, dem Oregon-Junco, eine „Verbesserung" des isolierten Gesanges durch ein großes Stimmenangebot erreicht worden, ohne daß bestimmte Elemente nachgeahmt worden wären. Das geschah nicht in einem sehr frühen Lebensalter der Versuchstiere, aber vielleicht hinterläßt die sehr früh liegende „Prägung" auf eine bestimmte Strophe des fütternden Vaters doch Spuren im späteren Gesang des Sprößlings.

Der Weißkopfammerfink

Nach dieser Einführung in die Problematik wollen wir uns zunächst dem Weißkopfammerfinken Nordamerikas zuwenden. Jedes Männchen dieser Art hat nur eine Strophe, die es ganz stereotyp wiederholt. Benachbarte Männchen singen sehr ähnlich, weiter entfernte verschieden (Abb. 59). Wie in dem Dialektkapitel noch näher zu schildern ist, unterscheiden sich Wildvögel und handaufgezogene Nestlinge in ihrem Gesang sehr (Abb. 60). Besonders der letzte Teil der Kaspar-Hauser-Strophen* ist unvollkommen. Nur *ein* einzeln aufgezogenes Männchen brachte im zweiten Teil seiner Strophe einigermaßen „normale" Elemente, die aber nicht in Gruppen unterteilt wurden. Zu mehreren aufgezogene Männ-

---

* Kaspar Hauser sind von Artgenossen isoliert aufgezogene Tiere; so genannt nach einem jungen Mann, der angeblich in früher Jugend aufgewachsen ist, ohne mit Menschen näher in Berührung zu kommen. Kaspar-Hauser-Strophen stammen von schallisoliert aufgezogenen Vögeln.

chen entwickeln zum Teil recht gut übereinstimmende Strophen. Die Angleichung ist aber nicht so gut wie bei Wildvögeln aus einem Dialektgebiet. Soweit man das bisher sagen kann, scheint die Strophe der in Gruppen isoliert aufgezogenen Männchen dem Wildgesang nicht ähnlicher zu sein als der einzeln herangewachsener.

Der Buchfink

Buchfinken teilen ihre Strophen streng in Phrasen ein (Abb. 48). Jede Phrase besteht aus recht gleichförmigen Elementen, die sich von denen anderer Phrasen qualitativ unterscheiden. Die Strophe

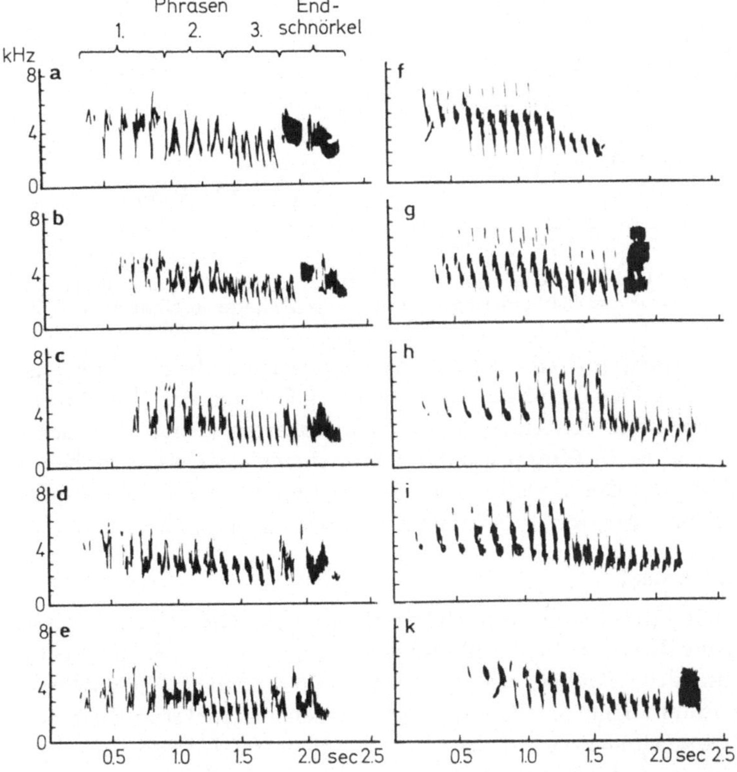

Abb. 48. a—e je eine Strophe von fünf wildlebenden Buchfinkenmännchen. f—k je eine Strophe von fünf in einer Gruppe schallisoliert aufgewachsener Buchfinken. Nach Thorpe 1958

endet mit einem Schnörkel, der aus mehreren ungleichen Elementen bestehen kann. Entsprechend den verschiedenen Phrasen fällt die Strophe meist stufenweise vom Anfang zum Schluß in der Tonhöhe ab. Den einzeln isoliert aufgezogenen Buchfinken fehlen gewöhnlich der Endschnörkel und die Unterteilung der Strophe

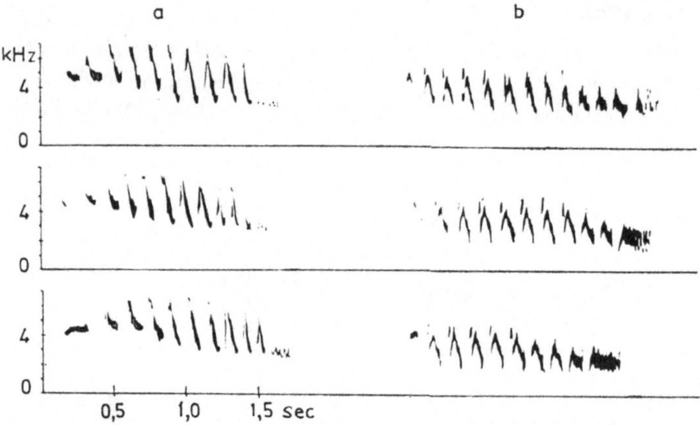

Abb. 49. Je drei Strophen von zwei verschiedenen Buchfinkenmännchen (a, b), die einzeln isoliert aufgezogen wurden. Nach Thorpe in Nottebohm 1967

in Phrasen, obwohl das letzte Element von den übrigen oft etwas absticht. Die Elemente sind wie die einfachsten der Wildvögel, komplizierte Strukturen fehlen den isolierten (Abb. 49). Buchfinken, die in Gruppen aufwachsen, singen „bessere Strophen" (Abb. 48). Der Endschnörkel und die Einteilung in Phrasen sind viel ausgeprägter als bei einzeln aufgewachsenen (Thorpe, 1954).

Die Amsel

Die Amsel singt sehr abwechslungsreich. Die einzelnen Elemente ihrer Strophen sind klar strukturiert. Neben „einfach" verlaufenden Tonbändern (Abb. 50a) sind schnelle Tonhöhenschwankungen die Regel; sie erscheinen im Spektrogramm als Zickzacklinien wie in der Mitte des Elements b (Abb. 50). Der Anfang und der Schluß desselben Elements klingen etwas gepreßt, das Tonhöhenband sieht an dieser Stelle wie aufgefasert aus, allerdings in einer sehr regelmäßigen Form. Besonders der leise

76

klingende Abgesang einer Amselstrophe kann wie ein kunstvolles
Ornament aussehen (c). Große Tonhöhensprünge sind hier die
Regel.

Langgezogene Töne vermag ein isoliert aufgezogenes Amselmännchen auch hervorzubringen, sie sind sogar oft vergleichs-
weise zu lang (d). Häufig ist ihre Struktur verwaschen; sie klingen

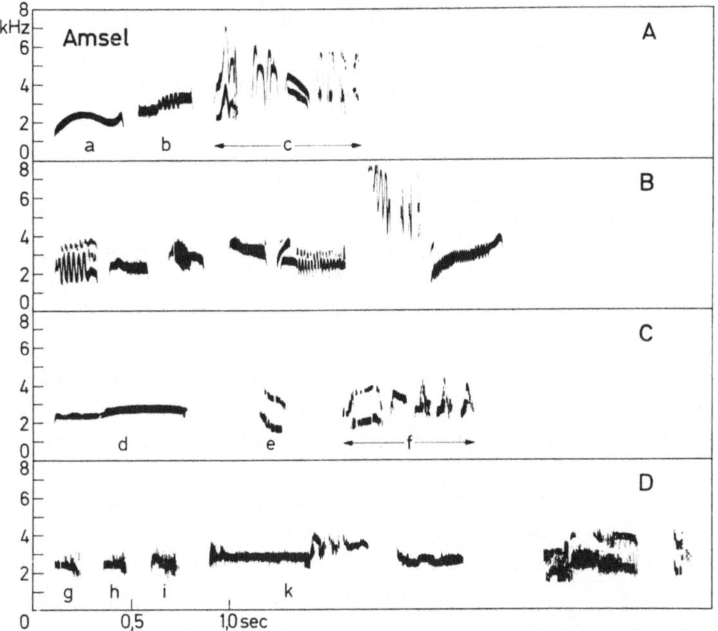

Abb. 50. A, B zwei Strophen eines wildlebenden Amselmännchens, C, D zwei
Strophen eines einzeln schallisoliert aufgezogenen Männchens. C, D nach Tonbandaufnahmen von E. und I. Messmer 1956

dann unrein. Gegenüber gequetschten Elementen der Wildvögel
ist die Unreinheit der Töne nicht regelmäßig (k). Mitunter besteht
die ganze Strophe aus einförmigen, gereihten Elementen von der
Art der Elemente in g, h und i. Den Abgesang (c) vermag eine
Kaspar-Hauser-Amsel nur andeutungsweise hervorzubringen (f).
Es fehlen der große Tonhöhenumfang und die Klarheit der
Elementstruktur. Es läßt sich nicht objektiv entscheiden, ob die

Amsel mehr angeborene Gesangsteile hat als der Buchfink oder umgekehrt. Dazulernen müssen beide, um wie Wildvögel singen zu können (E. und I. Meßmer; H. und G. Thielcke, 1960).

Juncos

Die zu den Finkenvögeln gehörenden Juncos (*Junco phaeonotus* und *Junco oreganus*) in Nordamerika sind einander nahe verwandt. Die Strophen von *oreganus* sind einfach, die von *phaeonotus* komplizierter; bei den Kaspar-Hauser-Vögeln ist es gerade umgekehrt. In Gruppen isoliert aufgezogene Vögel stimmen bei beiden Arten besser mit dem Wildgesang überein (Marler, 1967).

Eine Zusammenfassung

Alle bisherigen Kaspar-Hauser-Versuche haben ergeben, daß junge Singvögel von älteren Artgenossen lernen, um den Wildgesang vollkommen hervorbringen zu können. Am wenigsten scheint dabei die amerikanische Singammer lernen zu müssen, obwohl sie einen recht komplizierten Gesang und ein reiches Repertoire hat (Mulligan, 1966). Der Weißkopfammerfink hat dagegen trotz seiner einfachen Wildstrophe viel von alten Artgenossen zu übernehmen. Der Kaspar-Hauser-Gesang kann einfacher oder komplizierter als der Wildgesang sein, das ist sogar bei zwei nahverwandten Arten verschieden. Bei einigen Vogelarten entwickelt sich der Gesang bei in Gruppen aufgewachsenen Männchen mehr zu dem Wildgesang hin als bei einzeln isolierten. Wir wissen nicht, wie das zustande kommt. Die Folgerung erscheint aber berechtigt, daß ein junges Männchen dieser Art vom zu erlernenden Gesang mehr „weiß", als es allein produzieren kann. Ob es vom vollkommenen Wildgesang auch eine Vorstellung hat, läßt sich bisher nicht beantworten. Das „Wissen", wie der Wildgesang auszusehen hat, muß mindestens so gut sein, wie Gruppen-Hauser* wildähnlicher singen können. Das würde genügen, um junge Männchen während der Entwicklung in der Freiheit nicht vom Pfad des Artgemäßen abzubringen. Die zweifellos angeborene Breite, in die etwas hineingelernt werden kann, gibt dann mehr

---

* Gruppen-Hauser sind in unserem Fall mehrere Vögel etwa gleichen Alters, die gegenüber der Außenwelt schallisoliert aufgewachsen sind.

oder weniger viel Spielraum. Ist dieser Spielraum groß, werden vielleicht zusätzliche Sicherungen nötig, damit nicht zu viele von der Norm stark abweichen, denn sonst würde die Signalwirkung des Gesanges beeinträchtigt. Die Tendenz, sich Artgenossen im Gesang anzugleichen, könnte eine solche Sicherung sein. Wir kennen diese Wirkung von Laborversuchen an verschiedenen Arten — Buchfink, Weißkopfammerfink, Garten- und Waldbaumläufer — und von Freilandbeobachtungen, denn die Dialekte können nur auf diese Weise entstehen.

Manche Arten haben einen anderen Weg eingeschlagen, trotz Lernens die Artspezifität des Gesanges zu erhalten. Das Lernen ist bei ihnen an Lebewesen geknüpft, zu denen sie „persönliche" Beziehungen haben. Erst anormale Bedingungen, wie sie bei der Aufzucht der Jungen durch den Menschen oder durch eine andere Vogelart entstehen, haben zur Entdeckung dieser merkwürdigen Verhältnisse geführt.

Gimpel und Zebrafink

Seit langem richten Vogelliebhaber Gimpel regelrecht ab, indem sie ihnen in deren Jugend bis zum Überdruß eine bestimmte Melodie vorpfeifen. Gelehrige Schüler nehmen solch eine Strophe schließlich in ihr ständiges Repertoire auf. Viele Vogelliebhaber finden das sehr schön, in der Nachbarschaft wohnende musikalisch empfindsame Menschen mitunter nicht. Nicolai (1959) züchtete so ein Männchen weiter, und dessen Söhne und Enkelsöhne sangen nicht wie normale Gimpel, sondern wie ihr Vater. Etwas Artfremdes wurde auf diese Weise von einer Generation zur anderen durch Lernen weitergegeben. Entscheidend war hier nicht das Artgemäße, sondern daß es der Futterspender sang. Da in der Freiheit Gimpel keine Menschenmelodien pfeifen und junge Gimpelmännchen immer von alten Gimpeln aufgezogen werden, ist die Weitergabe des Gesanges mit allen seinen Eigenheiten gewährleistet. Nach den Untersuchungen von Immelmann (1967) verhalten sich Zebrafinken ganz ähnlich. Auffallenderweise dient der Gesang sowohl Gimpeln wie Zebrafinken vor allem zur Stimulation ihrer Weibchen, nicht aber zur Markierung eines Reviers. Eine so feste Lernbindung an den Vatergesang ist bei Vögeln mit Dialekten nicht zu erwarten.

c) Sensible Phasen

Eine besondere Form des Lernens wird von den Verhaltensforschern Prägung genannt. Prägen lassen sich Tiere nur während einer bestimmten Phase ihres Lebens. Kennzeichnend für Prägung ist weiterhin, daß so Erlerntes nicht wieder vergessen wird.

Die Fähigkeit, Gesang zu lernen, beginnt bei den Singvögeln um den 30. Lebenstag, bei den sehr frühreifen Zebrafinken schon vor dem 25. Tag. Ob sie vorher wirklich nichts von dem Gehörten behalten, sei dahingestellt. Wenn man bedenkt, daß Amseln schon mit drei Tagen eine Futtermelodie von einer anderen unterscheiden können, muß man da etwas skeptisch sein. Vielleicht merken sie sich in diesem frühen Alter nur allgemeine Grundzüge des Gesangs, ohne daß sich bestimmte Strukturen durch Vergleich des Gehörten und des Selbstproduzierten nachweisen ließen. Bei etwas älteren Juncos scheint diese Art des Lernens tatsächlich vorzukommen (Marler, 1967). Bietet man isoliert Aufgezogenen artgemäßen Wildgesang, verbessern die Vögel ihren Strophenaufbau. Bestimmte erlernte Elemente wird man dagegen vergeblich in ihrem Gesang suchen.

Wenn wir sagen, diese Art beginnt zu jenem Zeitpunkt mit Lernen, meinen wir immer das durch unseren Gehöreindruck und damit im Klangspektrogramm nachweisbare Lernen, denn nur das ist für den Einsatz der sensiblen Phase bisher untersucht worden. Immelmann (1967) hat gezeigt, wie zu Beginn der sensiblen Phase die Lernfähigkeit mit zunehmendem Alter verbessert wird.

Weißkopfammerfinken scheinen nur in der Zeit vom 30. bis zum 100. Lebenstag auf ihren Artgesang prägbar zu sein. Vielleicht liegt der Beginn etwas früher. Buchfinken lernen während ihres ersten Sommers schon eine ganze Menge des Wildgesanges, die Feinheiten der Dialekte übernehmen sie aber erst im folgenden Frühjahr. Nach dem 13. Lebensmonat sind ihre Strophen fixiert. Entscheidend ist dabei allerdings, daß der Vogel eine Entwicklung durchgemacht hat, die mit stereotyp vorgetragenen Strophen vorläufig endet. Verhindert man diese Entwicklung künstlich, indem man ein Männchen kastriert, bleibt die Lernfähigkeit erhalten. Ein kastriertes Männchen singt nicht, da ihm das männliche Sexualhormon Testosteron fehlt. Im Alter von 2 Jahren implantierte Nottebohm (1967) einem in der Jugendzeit kastrierten

Buchfinken Testosteron und spielte ihm zwei normale Buchfinken-strophen vor. Der Vogel lernte sie trotz seines „hohen" Alters.

Die Lernbereitschaft der Amseln setzt um den 28. Lebenstag ein und reicht mindestens bis zum 100. Tag. Sehr wahrscheinlich sind sie auch während des Herbstes aufnahmebereit. Im folgenden Winter und zeitigen Frühjahr haben wir an handaufgezogenen Männchen die Lernfähigkeit nachgewiesen. Aber selbst wild-lebende Amseln vermögen noch in späteren Jahren etwas dazu-zulernen. An einem farbig beringten und damit individuell er-kennbaren Männchen haben wir das festgestellt. Unsere aus China stammenden Sonnenvögel verhalfen uns dazu. Im Jahre 1958 fing ein Kollege auf dem Freiburger Friedhof unsere erste „China-Nachtigall", die einem Vogelliebhaber entflogen sein mußte. Diese und die dazugekauften Sonnenvögel hielten wir zunächst in einem Raum und dann in der Voliere. Zu dieser Zeit konnte das Amsel-männchen die Sonnenvögel täglich hören. Es war damals minde-stens 4 Jahre alt. Im übernächsten Jahr brachte es verblüffende Nachahmungen der sehr einprägsamen Alarmlaute der Sonnen-vögel (Abb. 47), die es so gut wie sicher nicht vor seinem fünften Lebensjahr gehört hat. Die übrigen Elemente A, B, C und D, E traten 1959 noch in anderen Kombinationen auf, wie die Strophen c und d zeigen.

d) Wie oft muß ein Vogel etwas zum Erlernen hören?

Einer Amsel spielten wir im März ihres ersten Lebensjahres die Strophe einer amerikanischen Walddrossel zwölfmal vor. Sie ahmte diese recht gut nach (Abb. 51); aber weitaus verblüffender

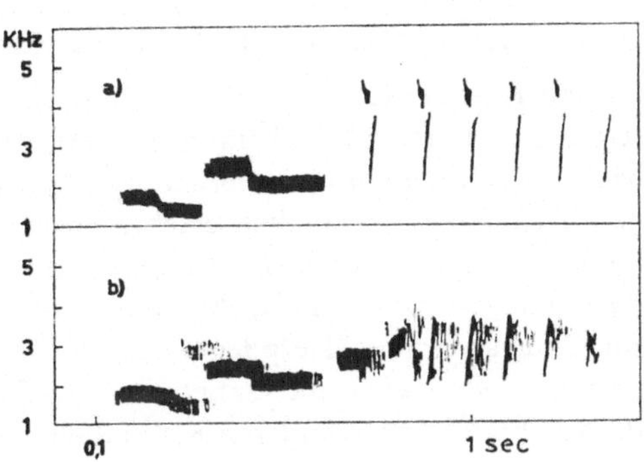

Abb. 51. a Strophe einer amerikanischen Wald-drossel, die einer vor-jährigen isoliert auf-gezogenen Amsel im März zwölfmal schnell nacheinander vorge-spielt wurde. b Die gleiche Strophe von dieser Amsel imitiert

ist die Lernbereitschaft der jungen Singvögel zu einer Zeit, in der sie selbst überhaupt noch nicht singen oder nur einen leisen, zwitschernden Jugendgesang hervorbringen. Amseln versuchen dann mitunter unmittelbar nach dem Ertönen des Vorbilds, dieses zu imitieren. Manchmal gelingt ihnen dies einigermaßen. Gegenüber später sind diese Versuche aber ganz unvollkommen.

e) Situationsgemäße Anwendung erlernter Laute

Kommt man in die Nähe eines Kohlmeisennestes, hört man mitunter Alarmlaute der Tannenmeise, des Gartenbaumläufers oder der Singdrossel. Im ersten Moment zweifelt man dann an seinem eigenen Erinnerungsvermögen, denn hier hatte man doch vor gar nicht langer Zeit ein Kohlmeisennest kontrolliert. Ein Blick nach oben stellt das eigene Selbstbewußtsein wieder her. Es ist tatsächlich eine Kohlmeise, nur ruft sie wie eine Tannenmeise. Artfremde Alarmlaute eignen sich offenbar besonders gut zu einer situationsgemäßen Anwendung. Insgesamt gesehen sind solche Fälle aber nicht allzu häufig.

Graupapageien lernen in Gefangenschaft sehr oft sprechen. Das kann über ein bloßes Nachplappern hinausgehen, wenn sie einzelne menschliche Worte ihrer Bedeutung entsprechend anwenden oder mit einem selbsterfundenen Wort einen bestimmten Wunsch erfüllt haben wollen. Koehlers (1951) Papagei rief abends stets „kuducks", und zwar solange, bis ihm der Käfig mit einem Tuch zugedeckt wurde. Das war besonders peinlich, wenn niemand zu Hause war, der ihm diesen Wunsch erfüllen konnte, denn sein lautes Geschrei machte sehr bald Koehlers Nachbarn rebellisch.

f) Kolkraben rufen ihren Partner mit Namen

Viele Rufe der Kolkraben sind sehr plastisch. Das ist bei Vögeln selten. Meistens sind die Rufe recht starr. Der Gesang ist dagegen häufig durch Lernen veränderlich. Die talentierten Kolkraben lernen in Gefangenschaft die verschiedensten Stimmen: Truthahnkollern, Storchklappern, Hundegebell, menschliches Husten und menschliche Worte. Die Nachahmungen sind so perfekt, daß man am Klang sofort den Tierpfleger oder des Nachbarn Hund wiedererkennt. Jeder Kolkrabe eignet sich mit der Zeit ein Repertoire an, das ihn von allen anderen Kolkraben unterscheidet, auch von seinem Partner, mit dem er in Dauerehe lebt. Werden nun Männchen und Weibchen eines Paares getrennt, beginnt jeder sofort mit dem Repertoire des anderen nach ihm zu rufen (Gwinner, 1962). Beide versuchen dann, so schnell wie möglich zu ihrem Partner zurückzukehren. Ganz genauso verhielten sich die aus Indien stammenden Schamas von Kneutgen. Kolkraben und Schamas „benennen" ihren Partner mit Rufen, die nur für dieses Individuum charakteristisch sind. Der Schluß liegt nahe, daß dieses Verhalten auch im Freileben dem Paarzusammenhalt dient.

Löhrl (1968) beobachtete ein „Benennen" bei wildlebenden Eichelhähern. Wie alle Rabenvögel neigen Eichelhäher zu allerlei Verhaltensweisen, die uns wie Schabernack vorkommen. Die Eichelhäher im Favoritepark in Ludwigsburg inspizierten morgens verschiedene Waldkauzhöhlen und „beschimpften" die Insassen. Wir haben derartiges Hassen schon im Kapitel Alarm kennengelernt. Löhrl wollte nun wissen, was passiert, wenn kein Kauz in der Höhle ist. Er fing also einen und sperrte ihn ein paar Tage ein. Wie üblich, kamen am nächsten Tage die Häher und schrien. Ihre Rufe verstummten aber bald, wenn sie einen Blick in die Höhle geworfen hatten. Ein wie lebend wirkender, ausgestopfter Waldkauz lockte zunächst Amseln und, durch deren Geschrei alarmiert, Eichelhäher an. Dabei ist es vorgekommen, daß zwei verschiedene Häher vor ihrem Rätschkonzert wie ein Waldkauz sangen. Diese Eichelhäher erkannten also in der ausgestopften Eule den „verdächtigen Gesellen" und „benannten" ihn mit dessen Ruf.

g) Singdrosseln als Betrüger?

Unsere im Zimmer frei fliegenden Singdrosseln entwickelten ein merkwürdiges Verhalten. Zunächst riefen sie durchaus situationsgerecht ihren hohen Alarmruf *ziii*, wenn draußen plötzlich ein Vogel dicht am Fenster vorbeiflog. Alle Insassen des Zimmers — Wacholderdrosseln, Amseln und Singdrosseln — stürzten dann sofort in Deckung. Später brachten die Singdrosseln den Luftwarnruf auch, wenn ihnen eine der stärkeren Wacholderdrosseln oder Amseln einen Futterbrocken vor der Nase wegschnappte. Nach einiger Zeit warnten sie schon, wenn wir Mehlwürmer auf den Tisch warfen. Das war für den Rufer durchaus von Vorteil, denn während die anderen sofort in Deckung stürzten oder

wenigstens eine Weile erstarrt sitzen blieben, konnte die alarmaus-
lösende Singdrossel in Ruhe einige Mehlwürmer verzehren. Dem
menschlichen Betrachter mußte das zunächst wie das abgefeimte
Spiel eines Betrügers vorkommen. Unsere Moralbegriffe sollten
wir aber tunlich nicht auf die Tiere übertragen. Es ist sogar unwahrscheinlich, daß die Singdrosseln ihr Verhalten durchschaut
haben. Gerade die Alarmrufe werden oft nicht streng nur in einer
Situation hervorgebracht. Zunächst mögen die Singdrosseln gerufen haben, um ihrer Bedrängnis durch die stärkeren Drosseln
Luft zu machen. Der Erfolg der „ungewollten" Reaktion führte
dann zur häufigeren Anwendung des Rufes. Wie wenig einsichtig
dieses Verhalten ablief, zeigten uns die Singdrosseln selbst. Sie
wurden mitunter durch die in Deckung stürzenden Amseln und
Wacholderdrosseln, die nun ihrerseits Alarm gaben, „mitgerissen".
Auf diese Weise brachten sie sich um den Lohn ihrer „Gaunerei".

h) Dialekte

Kommt ein Ostfriese nach Bayern, gibt es Sprachschwierig-
keiten. Jeder weiß, daß daran die verschiedenen Dialekte schuld
sind; dem Außenstehenden wird es jedoch neu sein, bei den Vögeln etwas Vergleichbares vorzufinden.

Der Buchfink und sein schmetternder Gesang sind allbekannt.
Belauschen wir Buchfinken an einem schönen Maitag, können
wir viele hundert Strophen von einem Männchen zählen. Ebenso
sangesfreudig sind seine Nachbarn. Aber dann ist es plötzlich mit
dem Gesang aus. Statt dessen rufen alle Buchfinken ein mono-
tones *huid* (Abb. 52c), ganz ähnlich wie der Gartenrotschwanz
eine Katze „anzeigt". Enttäuscht über diese Wendung gehen wir
weiter, überqueren eine Wiese und sind 4 Minuten später in einem
anderen Wald. Hier ist offenbar kein Buchfink, so meinen wir
zunächst, denn es ist weder Gesang noch ein *huid* zu vernehmen.
Dann sehen wir dicht vor uns doch einen Buchfinken, der aber
ganz anders ruft; er rülscht, wie die Vogelkundigen sagen
(Abb. 52f). Und nachdem wir ein Ohr für diese Stimme bekommen haben, rülscht es plötzlich überall. Denn alle Buchfinken
rufen hier in dieser Weise.

Als wir vorhin die Wiese überquerten, wechselten wir von
einem Dialektgebiet des Buchfinken in ein anderes. Auf der baum-

losen Wiese gibt es keine Buchfinken. Sie ist 400 m breit, und das
genügt für eine ganz scharfe Dialektgrenze. Allerdings bilden die
wenigsten Wiesen oder andere für Buchfinken unbewohnbare
Gebiete eine Grenze. Andererseits kann sie auch mitten durch
einen Wald gehen. Dann ist der Wechsel nicht so schroff, sondern

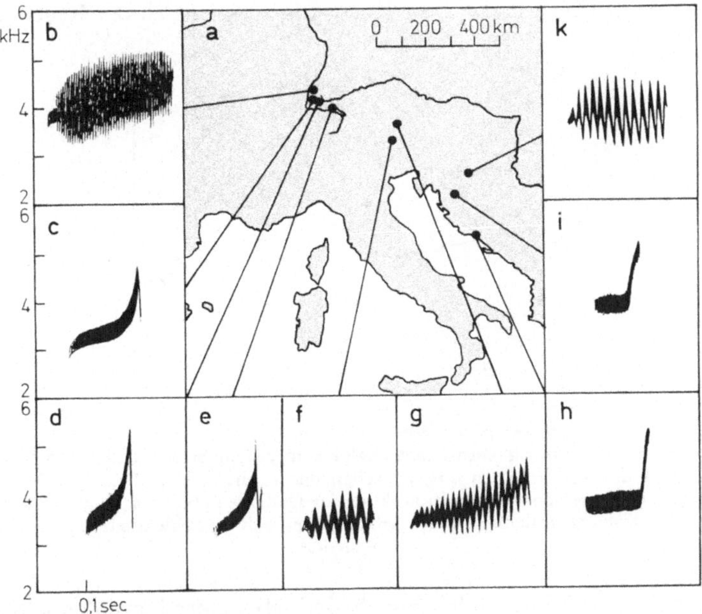

Abb. 52. b—k Regenrufe des Buchfinken, die durch Striche mit den Aufnahmeorten verbunden sind

gleitend. In einem solchen Mischgebiet verfügt dasselbe Männchen über beide Rufausprägungen, oder es mischt sie zu einer
Zwischenform. Neben dem *huid* und dem Rülschen gibt es noch
eine ganze Reihe weiterer Dialekte, die der Vogelkundler Regenrufe nennt. Ob sie bei bestimmter Wetterlage häufiger gebracht
werden, sei dahingestellt. Ihre soziale Bedeutung dürfte ähnlich
wie der Gesang sein. Da sie auch für unser Ohr gut unterscheidbar
sind, waren sie bekannt, bevor es den Klangspektrographen gab.
H. Sick berichtete darüber schon 1939.

Trägt man an vielen Orten den jeweiligen Regenrufdialekt auf eine Karte ein, bekommt man ein mosaikartiges Muster (Abb. 53). Derselbe Dialekt kann in verschiedenen Gebieten auftreten, die durch Gegenden mit anderen Dialekten getrennt sind. So rufen die Buchfinken bei Freiburg, im Schwarzwald und am Bodensee das rotschwanzähnliche *huid* (Abb. 52 c, d, e), in den Alpen rülschen sie (f, g), und an der Küste Jugoslawiens ist der Regenruf

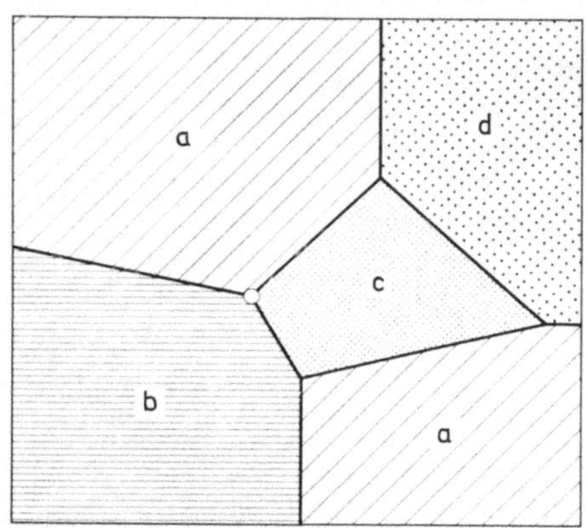

Abb. 53. Mosaikartig verbreitete Dialekte in einem Schema. Der Dialekt a kommt in zwei Gebieten vor, zwischen denen ein anderer Dialekt (c) vorherrscht. Für einen am Schnittpunkt dreier Dialekte geborenen Buchfinken O ist die Wahrscheinlichkeit gleich groß, daß er sich im Dialektgebiet a, b oder c ansiedelt

wiederum dem *huid* sehr ähnlich (h, i). Bei einer lückenlosen Bestandsaufnahme würde man wahrscheinlich weitere Dialekte finden, und damit würden die Mosaiksteine in unserem Schema kleiner. Das Prinzip bliebe jedoch unverändert.

Die Regenrufe des Buchfinken sind die einzigen Laute, von denen wir Dialekte kennen. Sonst sind Vogeldialekte nur von Gesängen her bekannt. Wollen wir mit ihnen vertraut werden, können wir wiederum mit dem Buchfinken beginnen.

In vielen Gegenden hängen die Männchen an ihre vollständige Strophe ein kurzes prägnantes *kit* an (Abb. 54); an anderen Orten fehlt es. Die Abb. 55 soll einen Eindruck geben, wie weit diese Gesangsvariante verbreitet ist. Damit wird der gegenwärtige Stand unseres Wissens angegeben. Wir können aber mit Sicherheit sagen,

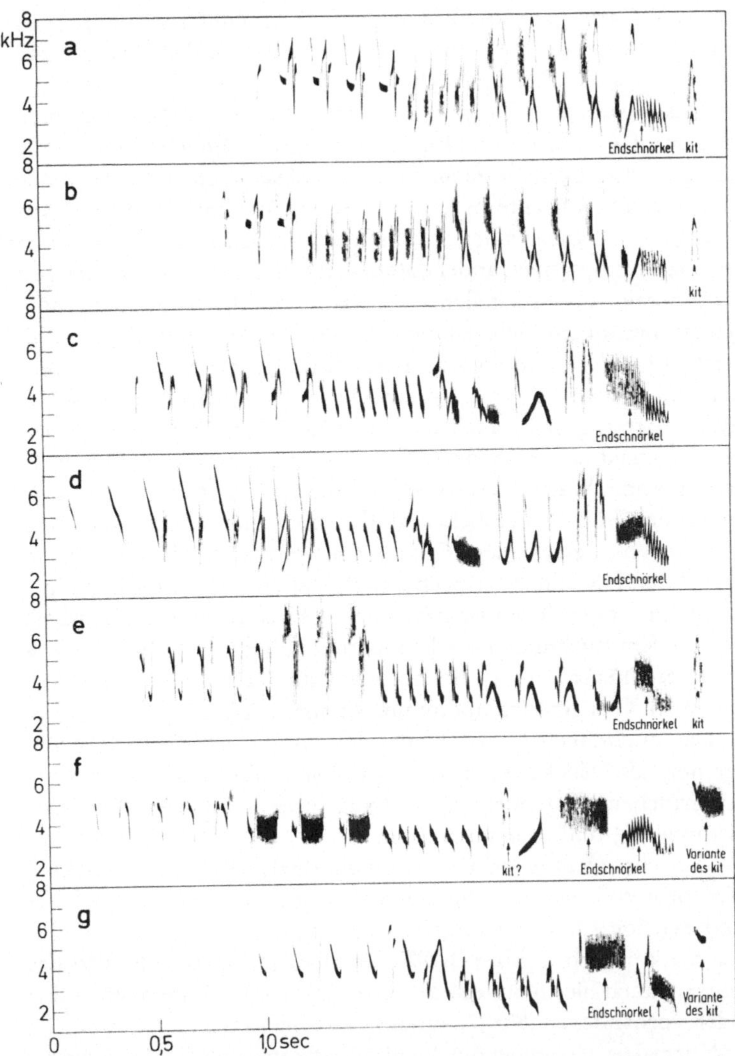

Abb. 54. a—g Buchfinkenstrophen. a, d bzw. b, c jeweils vom selben Männchen; a, b, e mit *kit* als Schluß; f, g mit Varianten des *kit* als Schluß. a, b bzw. c, d sind Strophen gleichen Typs. Aufnahmeorte: a, b, c, d Südwestdeutschland, e bei Graz (Österreich), f, g Dolomiten (Norditalien). Der gleiche Endschnörkel (c, d, e) kommt an weitentfernten Orten vor

daß die Karte ganz unvollständig ist. Vollständig müßte sie viel mehr Punkte enthalten, die an vielen Stellen so dicht wären, daß eine schwarze Fläche entstehen würde.

Das Buchfinken-*kit* ist vor allem von Interesse, weil es dem Alarmruf-*kit* unserer drei Buntspechtarten so ähnlich ist (Abb. 55). Es gibt drei Denkmöglichkeiten, wie diese Ähnlichkeit zustande kommt: Die Spechte haben es von den Buchfinken erlernt, die Buchfinken haben es den Spechten abgelauscht, oder beide haben es unabhängig voneinander entwickelt. Die erste Annahme ist von vornherein auszuschließen, denn kein Specht ist in der Lage, Lautäußerungen nachzuahmen. Die dritte Möglichkeit ist zwar nicht zu widerlegen, doch scheint mir die zweite wahrscheinlicher zu sein. Große Ähnlichkeit zwischen Lautäußerungen verschiedener Arten gibt es auch da, wo weder wechselseitiges Lernen noch gemeinsamer Ursprung in Frage kommen. Die Alarmrufe von unserer Wacholderdrossel und der indischen Bergmeise sind solch ein Fall. In Feinheiten sind diese Laute jedoch trotz aller Ähnlichkeit verschieden. Gerade das vermissen wir bei dem *kit* von Buchfink und Buntspechten. Nur die große Lautstärke eines vom Specht gerufenen *kit* erreichen die Buchfinken nicht. Deshalb fehlen dem Buchfinken-*kit* die Obertöne über 6 kHz. Im allgemeinen beschränkt sich der Buchfink auf die Nachahmung von Arteigenem. Gelegentlich übernimmt er aber auch sonst Artfremdes.

Das Buchfinken-*kit* wäre nicht der einzige Fall, daß etwas Artfremdes als Dialekt verwendet wird. Die Waldbaumläufer hängen in manchen Gegenden einen Laut ihrer Zwillingsart an ihre Strophe an, und in anderen fehlt er.

Zunächst glaubte ich, das *kit* sei die einzige Variante am Schluß der sonst vollständigen Buchfinkenstrophe, bis mich Kollegen auf andersartige Elemente aufmerksam machten, die in den Dolomiten vorkommen (Abb. 54). Wie beim Regenruf besteht also das Mosaik auch hier nicht nur aus zwei „Steinen“ — dem fehlenden oder vorhandenen *kit* —, sondern aus mehreren.

Normalerweise endet die Buchfinkenstrophe mit einem „Schnörkel“ (Abb. 54). Von ihm gibt es viele Varianten, deren markanteste von den Vogelliebhabern mit lautmalenden Namen wie „Reitzug“, „Würzgebier“ und „Friederica“ belegt wurden. In manchen Gebieten überwiegen diese Endschnörkel und in anderen

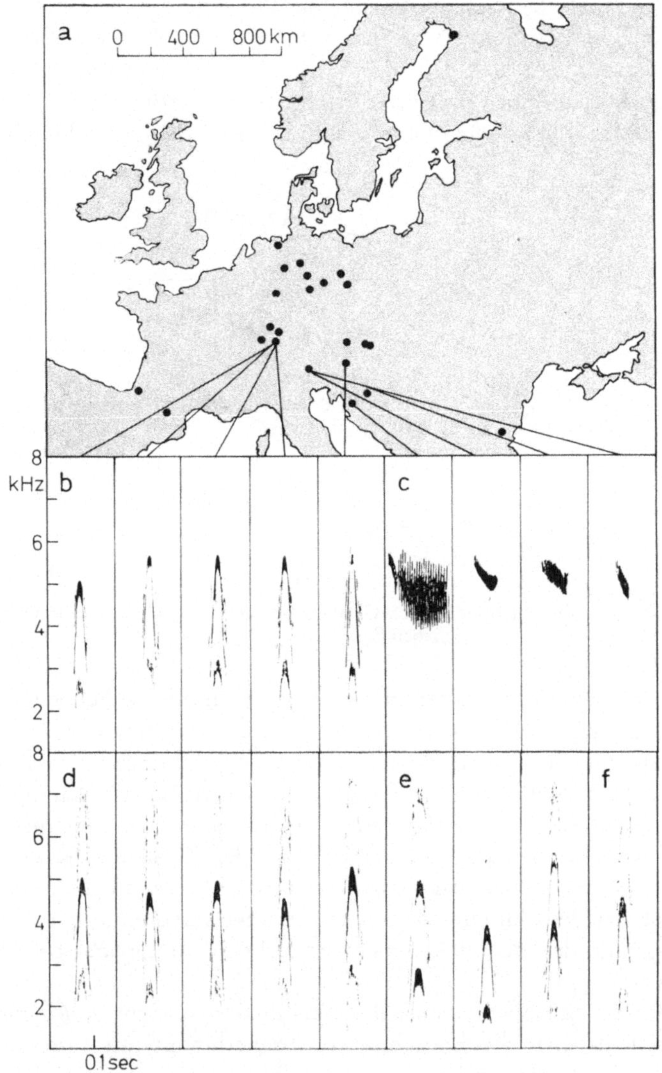

Abb. 55. a Karte mit Orten, wo Buchfinken an ihre Strophe ein spechtähnliches *kit* anhängen. b *kit* von fünf Buchfinkenmännchen, c *kit*-Varianten von vier Buchfinkenmännchen. Die Linien weisen zu den Aufnahmeorten. d *kit* des Buntspechts, e *kit* des Mittelspechts, f *kit* des Kleinspechts

jene, und dieselben Schlußelemente des Gesanges können in weit entfernten Gegenden auftreten (Abb. 54). Eingehender untersucht hat das jedoch noch niemand. Das ist auch schwierig, da fast alle Buchfinken über mehrere Strophentypen verfügen, die sehr verschieden sein können. Die Verhältnisse sind also ganz ähnlich,

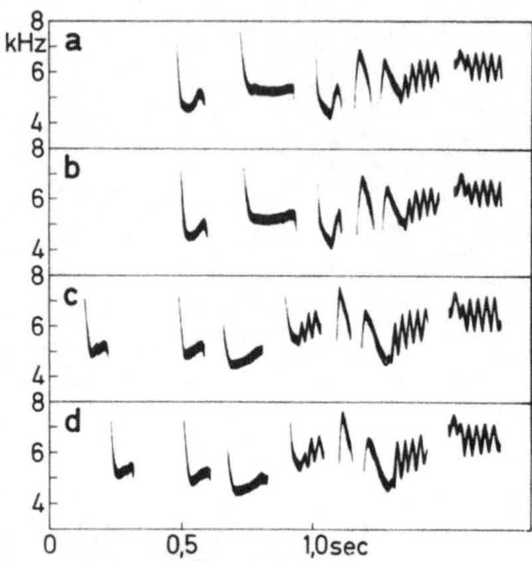

Abb. 56a—d. Vier Strophen eines Gartenbaumläufers, a, b bzw. c, d vom selben Strophentyp

wie wir sie bei der Goldammer und der Sumpfmeise kennengelernt haben (S. 29). Genau wie diese singt der Buchfink eine Zeitlang Strophen des einen Typs, und dann wechselt er zu einem anderen. Man muß also lange warten, bis man das vollständige Repertoire eines Buchfinken auf dem Tonband hat, und diese Geduld zusammen mit der Arbeit, von den Gesängen Klangspektrogramme anzufertigen, hat bisher noch keiner aufgebracht. Das ist schade, weil wir über die angeborenen und erlernten Anteile gerade des Buchfinkengesanges recht gut unterrichtet sind (S. 75).

Über die Strophendialekte des Buchfinken ist nicht viel mehr bekannt als über die Endschnörkel. Immerhin konnte Conrads (1966) zeigen, daß gut übereinstimmende Strophen, wie zum Beispiel die in Abb. 54a, b bzw. c, d, in manchen Gebieten fast alle Männchen in ihrem Repertoire haben. Wie viele Buchfinkenmännchen von dem vorherrschenden Typ abweichen, wissen wir von keinem der vier beschriebenen Buchfinkendialekte genau. In manchen Gebieten scheinen mehrere Dialekte in einem ausgeglichenen Verhältnis vorzukommen, wenn etwa drei vorherrschende Strophen von 24, 28 und 35% der Männchen gesungen werden.

Der Gartenbaumläufer eignet sich für derartige Untersuchungen besser, weil die meisten Männchen nur eine ganz stereotype Strophe haben. Die wenigen Männchen mit zwei Strophentypen variieren auch die zweite ebensowenig wie die erste (Abb. 56). Ein weiterer Vorteil der Gartenbaumläuferstrophe ist ihre Kürze.

Die Stereotypie geht so weit, daß sich fast alle, besonders aber die drei letzten Elemente der Strophe verschiedener Männchen miteinander vergleichen lassen (Abb. 57). In manchen Gegenden singen die Gartenbaumläufer so ähnlich, daß man alle ihre Strophen einem Männchen zuschreiben würde (a—i). In anderen Gebieten sind die Unterschiede größer (k—s). Große Stereotypie oder eine deutliche Variation innerhalb der Population drückt sich unter anderem in der Zahl der Elemente je Strophe aus. Sieben von den neun Männchen aus Ludwigsburg haben sechs Elemente in der Strophe (a—g). Nur zwei weichen davon ab. Ihre Strophe besteht aus fünf Elementen (h, i). Von den Frankfurter Gartenbaumläufern hat einer zwei Strophentypen mit verschiedener Elementzahl; einmal sind es sieben und einmal sechs (k, l). Strophen der übrigen Männchen setzen sich viermal aus sechs und dreimal aus fünf Elementen zusammen (m—s).

Zeichnen wir Orte mit großer und geringer Variation innerhalb der Population mit verschiedenen Symbolen in einer Karte ein, erhalten wir wiederum ein Mosaikmuster, wie wir es bereits von den Buchfinkendialekten her kennen (Abb. 53).

Zu dem gleichen Ergebnis kommen wir mit den Elementen e und E der Gartenbaumläuferstrophe (Abb. 58). Davon gibt es zwölf verschiedene Typen. Sie sind innerhalb eines Gebietes weitgehend einheitlich, so bei 18 von 23 Männchen in Oldenburg, bei 17 von 19 Männchen in Ludwigsburg und bei 23 von 25 Männchen in La Granja in Mittelspanien. Derselbe Typ (3) kommt sowohl in Süddeutschland als auch in den spanischen Pyrenäen vor; dazwischen gibt es andere Dialekte. Die Grenzen zwischen zwei Dialekten gehen in einem Fall durch ein kleines Gehölz, das zwischen zwei großen Waldkomplexen liegt. Von den vier

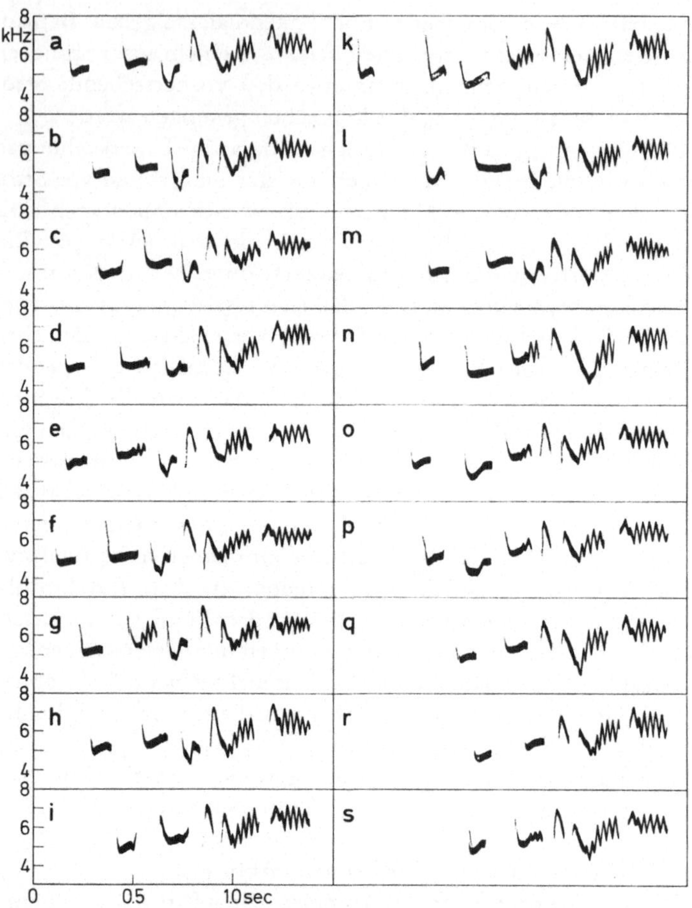

Abb. 57a—s. Gartenbaumläufer-Strophen von 17 Männchen, a—i aus Ludwigsburg, k—s aus Frankfurt. Die Strophen k und l stammen vom selben Männchen

Männchen dieses Wäldchens singen zwei den einen, einer den anderen und der vierte eine Mischung aus beiden.

Nach der Feststellung, daß zwei Eigenheiten des Gartenbaumläufergesanges mosaikartig variieren, wollen wir prüfen, ob sie miteinander gekoppelt sind. Wir sehen uns dazu die Abb. 57 an. Das vorletzte Element (E) ist in beiden Populationen vom selben

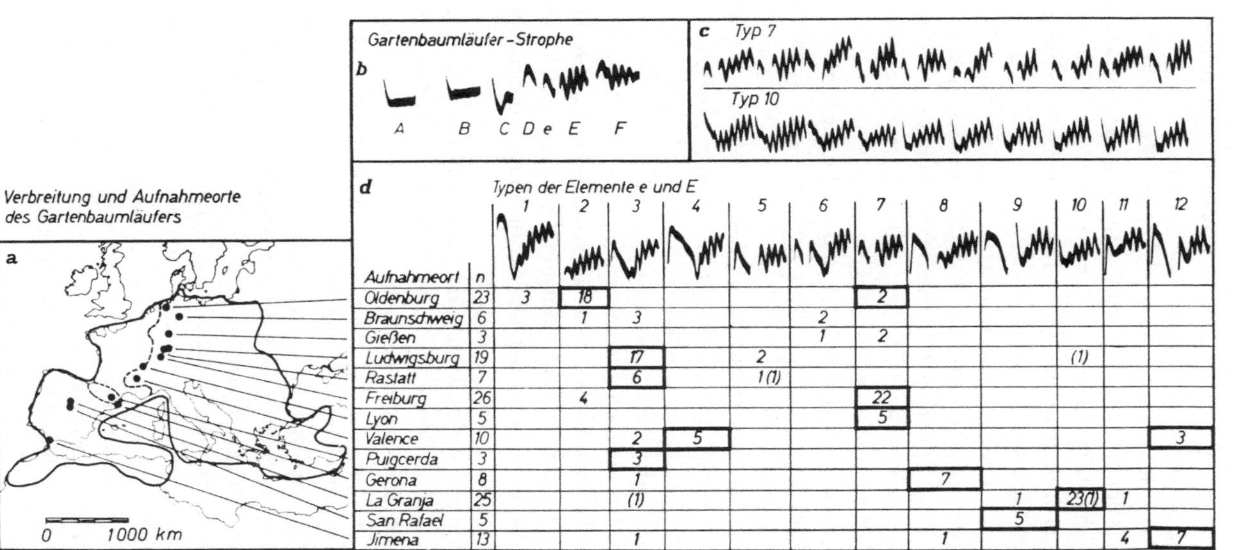

Aufnahmeort	n	1	2	3	4	5	6	7	8	9	10	11	12
Oldenburg	23	3	18					2					
Braunschweig	6		1	3			2						
Gießen	3						1	2					
Ludwigsburg	19			17		2						(1)	
Rastatt	7			6		1(1)							
Freiburg	26		4					22					
Lyon	5							5					
Valence	10			2	5								3
Puigcerda	3			3									
Gerona	8			1					7				
La Granja	25			(1)						1	23(1)	1	
San Rafael	5									5			
Jimena	13			1					1			4	7

Abb. 58. a Verbreitungsgebiet des Gartenbaumläufers und Aufnahmeorte. b Gartenbaumläuferstrophe. c Typ 7 und Typ 10 der Elemente e und E von verschiedenen Männchen. d Aufnahmeorte, Zahl der aufgenommenen Männchen (n) und Häufigkeit der zwölf Typen der Elemente e und E. Die gestrichelten Linien in a geben die Westgrenze der Waldbaumläufer-Verbreitung an

Typ. Wir haben also denselben Dialekt in zwei Gebieten, die sich in einer anderen Eigenschaft unterscheiden, und zwar im Grad der Variation verschiedener Männchen. Wir haben oben gehört, daß diese Eigenheit ebenfalls mosaikartig variiert. Zeichnen wir von beiden Mosaikmustern Karten auf Transparentpapier und legen sie aufeinander, decken sie sich nicht. Die Dialekte verschiedener Teile desselben Gesanges sind also voneinander unabhängig.

An vier Orten habe ich die Dialekte des Gartenbaumläufers über 6—9 Jahre verfolgt, ohne daß sich die Ausbildung der Elemente e und E verändert hätte. Ein sehr auffälliger Strophendialekt des Buchfinken herrscht sogar seit mindestens 20 Jahren im gleichen Gebiet vor (Conrads, 1966).

Kleinvögel, wie Gartenbaumläufer und Buchfinken, haben nur eine geringe Lebenserwartung. Ein einzelner Vogel kann zwar viele Jahre alt werden, aber schon nach einem Jahr ist mindestens ein Drittel aller Individuen durch junge Vögel ersetzt. Die Dialekte müssen also an die jüngere Generation weitergegeben werden, sonst könnten nicht so viele Männchen in einem Gebiet übereinstimmend singen oder rufen. Man darf annehmen, daß die Vogeldialekte über ganz wesentlich längere Zeit konstant bleiben können, als wir bisher wissen. Wir beschäftigen uns sehr wahrscheinlich nur noch nicht lange genug damit, um das beweisen zu können.

Wenn wir die Ergebnisse der Dialektforschung zusammenfassen, kommen wir zu folgendem Bild:

Vogeldialekte gibt es bei Rufen und Gesängen. Die ganze Strophe oder Teile davon können den Dialekt bilden. Handelt es sich um Teile, liegen diese gegen Ende der Strophe. Dialekte können aber auch darin bestehen, daß alle Männchen an einem Ort ganz übereinstimmen, an einem anderen Ort dagegen individuell verschieden singen. Kommen im Gesang einer Art mehrere Dialekte vor, sind sie voneinander unabhängig. Fast alle oder ein Teil der Männchen rufen oder singen in einem größeren Gebiet einheitlich. Unmittelbar anschließend kann eine andere Version vorherrschen. Die Grenze zwischen beiden Dialekten ist entweder ganz scharf oder wird durch eine Mischzone gebildet, in der dieselben Männchen beide Varianten oder eine Mischung aus beiden bringen. Derselbe Dialekt kann an weit entfernten Orten auftreten, die durch Gebiete mit anderen Versionen getrennt sind. Zeichnet man

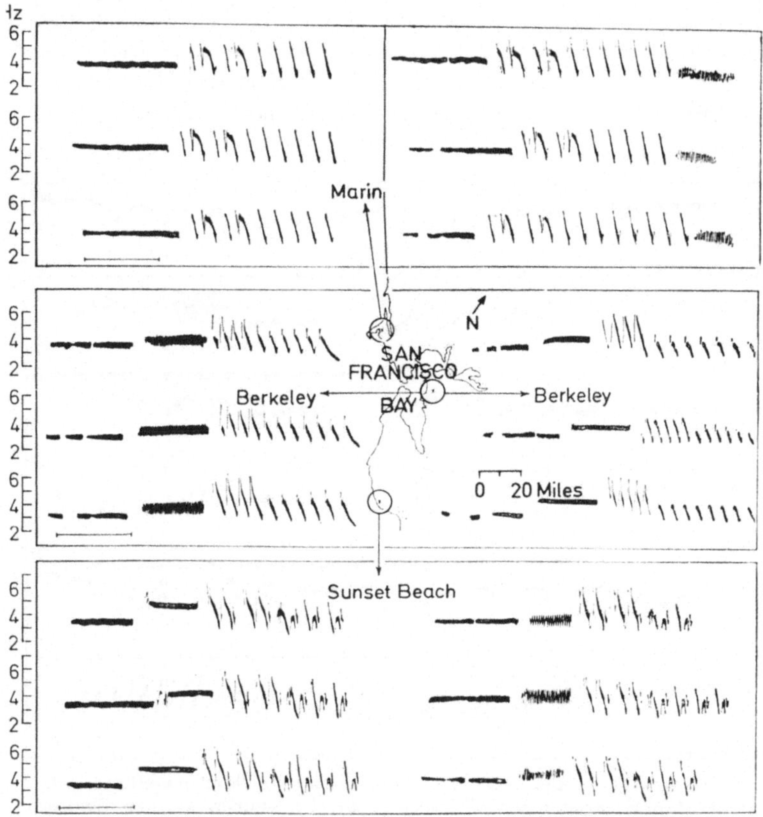

Abb. 59. Je eine Strophe von 18 Männchen des nordamerikanischen Weißkopfammerfinken. Innerhalb eines Gebietes ist die Variation gering, von
einem Gebiet zum anderen dagegen größer, vor allem im zweiten Teil der
Strophe. Die Zeitmarken auf der Horizontalen geben 0,5 sec an. Nach Marler
und Tamura 1964

die Dialekte mit verschiedenen Rastern in eine Karte, erhält man
ein buntes Mosaik, dessen gleiche Steine weit auseinander liegen
können (Abb. 53). Die Dialekte bleiben am gleichen Ort über
Jahre konstant. Sie werden an die jungen Vögel weitergegeben.
Wie das geschieht, soll nun geschildert werden.

Durch die Beringung wissen wir, daß sich die meisten Jungen
vieler Vogelarten nahe bei ihrem Geburtsplatz ansiedeln. Eine

Richtung wird dabei nicht bevorzugt, wenn die Lebensbedingungen ringsum gleich gut sind. Wird nun ein Männchen des Buchfinken oder Gartenbaumläufers am Ort o geboren (Abb. 53), ist es dem Zufall überlassen, ob es im nächsten Jahr im Dialektgebiet

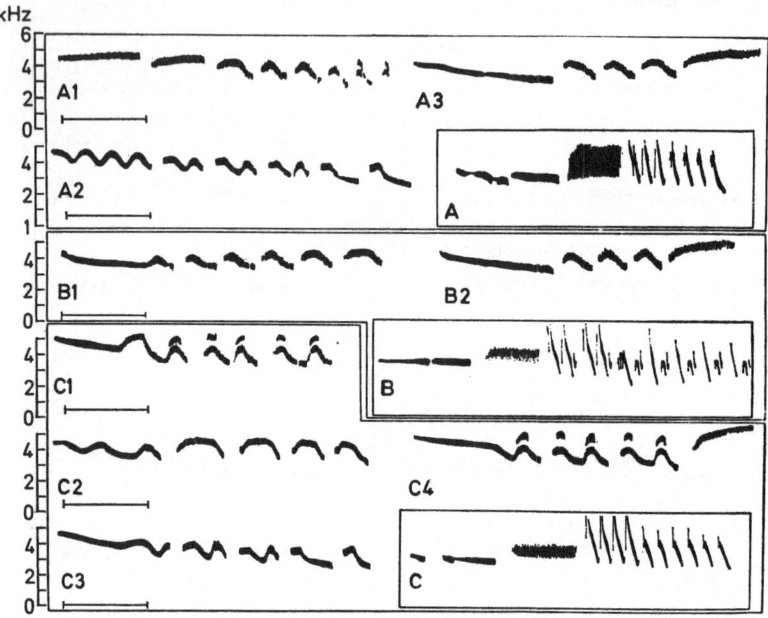

Abb. 60. Je eine Strophe von neun Männchen des Weißkopfammerfinken aus drei Dialektgebieten (A, B, C). Die neun Männchen wurden im Alter von drei bis neun Tagen als Gruppe schallisoliert. A 1 bis A 3 sind die Strophen von drei aufgezogenen Männchen aus dem Dialektgebiet A; entsprechend ist die Zuordnung bei B und C. Die Zeitmarke ist 0,5 sec lang. Nach Marler und Tamura 1964

a, b oder c seßhaft wird. Vielleicht siedeln sich drei Brüder sogar in drei verschiedenen Dialektgebieten an. Sind es Buchfinken, wird jeder mit einem anderen Regenruf, einem anderen Endschnörkel oder einer anderen Strophe sein Brutrevier gegen Rivalen verteidigen oder ein Weibchen anlocken. Vom Vater können sie diese Eigenheiten also nicht ererbt haben. Als Alternative bleibt nur Lernen. Das folgt nicht nur zwangsläufig aus Überlegungen, es liegen Beweise dafür vor.

96

Die nordamerikanischen Weißkopfammerfinken haben strenge
Dialekte, die besonders im Trillerteil ihres Gesanges auffallen
(Abb. 59). Marler und Tamura (1964) nahmen junge Weißkopfammerfinken aus dem Nest und zogen sie auf. Dabei wurden sie
akustisch so abgeschirmt, daß sie keine erwachsenen Vögel ihrer
Art hören konnten. Keiner von ihnen brachte den Dialekt, aus
dessen Gebiet er stammte (Abb. 60), und alle neun Männchen

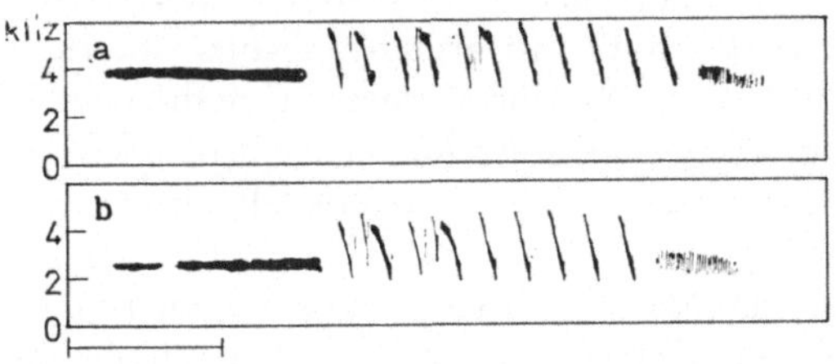

Abb. 61. a Strophe eines im Alter von 30 bis 100 Tagen gefangenen und von
da an schallisoliert gehaltenen Männchens, die mit dem Dialekt des Fangortes
(b) ausgezeichnet übereinstimmt. Die Zeitmarke entspricht 0,5 sec. Nach
Marler und Tamura 1964

einer Gruppe sangen recht einheitlich. Freilich war die Übereinstimmung nicht so gut wie zwischen benachbarten Wildvögeln.
Die Unterschiede im Gesang einzeln isolierter Vögel sind allerdings wesentlich größer.

Anders verlief der Versuch, wenn selbständige Jungvögel im
Alter von 30—100 Tagen gefangen und von da an schallisoliert
aufgezogen wurden. Im nächsten Frühjahr entwickelten sie eine
Strophe, die in nichts von denen erwachsener Männchen am Fang-
ort verschieden war (Abb. 61). Es genügt für diese Vögel also,
bald nach dem Ausfliegen den Gesang wilder Artgenossen zu
hören, um später ihre eigene Strophe dialektgemäß auszubilden.
Mit einer vorgespielten Strophe aus einem anderen Dialektgebiet
ließen sich die Jungen in diesem Alter nicht mehr beeinflussen. Die
Jungen müssen also im Alter von 30—100 Tagen bereits dort
sein, wo sie im folgenden Jahr brüten werden. Sonst müßte es
mehr Männchen geben, die von dem jeweiligen Dialekt abweichen. Aus Versuchen Löhrls (1959) am Halsbandschnäpper wissen
wir, daß zwischen der Zeit der Prägung auf die Region der zukünftigen Heimat und der tatsächlichen Ansiedlung im nächsten

Jahr sogar ein langer Zug ins Winterquartier eingeschaltet werden kann. Die Halsbandschnäpper kehren dennoch an den Ort ihrer Prägung zurück.

Beim Buchfinken liegen die Verhältnisse etwas anders als beim Weißkopfammerfink. Sein Gesang ist zwar auch in den ersten Lebensmonaten beeinflußbar, die Feinheiten der Dialekte lernt er aber erst im Frühjahr des zweiten Lebensjahres an seinem Brutort.

Ein Teil der Männchen eines Gebietes weicht vom vorherrschenden Dialekt ab. Beim Gartenbaumläufer sind es für die Elemente e und E 15 %. Welche Vorgeschichte die vom „richtigen" Dialekt abweichend singenden Männchen haben, wissen wir nicht. Vielleicht sind sie als Altvögel umgesiedelt, als ihr Gesang schon fixiert war.

Nicht nur die Männchen des Weißkopfammerfinken, sondern auch die jungen Weibchen werden auf den Wildgesang ihrer erwachsenen Artgenossen geprägt. Ein einfacher Versuch brachte das zutage. Normalerweise singen die meisten Vogelweibchen nicht. Wie wir in einem späteren Kapitel ausführlicher hören werden, lassen sich viele Vögel mit dem männlichen Sexualhormon Testosteron zum Singen bringen. Es wirkt bei Männchen wie bei Weibchen. Wurden weibliche Weißkopfammerfinken damit behandelt, sangen sie perfekten Artgesang mit dem Dialekt ihres Fangortes.

Die Dialekte scheinen also eine bedeutende Rolle im sozialen Leben der Vögel zu spielen. Welcher Art diese Rolle ist, wissen wir jedoch nicht.

Wie wir gesehen haben, bleiben die Dialekte durch Tradition erhalten. Vermittler sind dabei wahrscheinlich nicht die eigenen Väter, sondern Männchen der Umgebung. Die Jungvögel sind nur während einer kurzen Zeit für Feinheiten des Gesanges aufnahmefähig, und die fällt mit dem ersten Aufenthalt im zukünftigen Brutgebiet zusammen. Der geschichtliche Ursprung der Dialekte liegt im dunkeln. Vielleicht gibt eine Eigenart anderer Vögel einen Hinweis, wie sie entstanden sein könnten: Von Braunkehlchen ist bekannt, daß sie eine Zeitlang diese und dann jene Vogelart imitieren, immer nach dem jeweiligen Stimmenangebot aus der Umgebung. Alle Braunkehlchen aus einer Gegend flechten übereinstimmend diese und nach ein paar Tagen jene Vogelart in ihre Strophe ein. Amseln behalten besonders auffällige Pfiffe lange in ihrem Repertoire. Nach ein paar Jahren verschwinden sie aber wieder. Wir haben es hier mit Moden zu tun. Wie plötzlich alle Kinder eines ganzen Landes einen bestimmten Schlager pfeifen, Hula-Ringe um ihre Körper kreisen lassen oder auf der Straße Handstand machen und das ebenso unvermittelt wieder sein lassen, ist es auch mit den Vogelmoden. Nahezu alle stimmen darin kurze Zeit überein und wenden sich dann etwas anderem zu.

Vielleicht sind die Dialekte „erstarrte" Moden oder aber Entwicklungsstadien zu ihnen. Wie immer sie entstehen mögen, zeigen die Dialekte eine Fähigkeit zur Differenzierung an, die ohne andere Unterschiede bestimmt nicht so weit geht, daß auf diese Weise Arten aufspalten könnten. Dazu sind weitere Voraussetzungen nötig.

Im Hinblick auf die Artbildung ist aber die Lernfähigkeit vielleicht von großer Bedeutung, denn durch Lernen läßt sich schneller etwas verändern als über Vererbung, noch dazu, wenn das Erlernte von der ganzen Population übernommen wird. Möglicherweise besteht sogar ein Zusammenhang zwischen dem akustischen Lernvermögen der Singvögel und ihrer Artenfülle. Etwa die Hälfte aller Vögel gehört zu dieser Gruppe, und außer den Singvögeln können, soweit wir wissen, nur Papageien und Kolibris (vielleicht auch einige Eulen) Gehörtes nachahmen.

Die Frage ist allerdings, wie sich in einer Population ein neuer Dialekt durchsetzen kann, denn die Angleichung an die Altvögel ist dafür ja gerade das größte Hindernis. Wie wir von langfristigen Untersuchungen wissen, schwankt die Dichte der einzelnen Arten erheblich. Manche Arten, die bei uns in strengen Wintern starke Verluste haben, sinken in ihrer Dichte auf einer großen Fläche mitunter auf wenige Individuen ab. Sind unter ihnen gesangliche Außenseiter, wie sie in jeder Population vorkommen, könnten auf diese Weise neue Dialekte entstehen. Bei anderen Arten werden über längere Zeiträume andere Katastrophen als strenge Winter auftreten. Nach unserem bisherigen Wissen kommen wir um die Annahme einer drastischen Verminderung der Dichte nicht herum, um die Entstehung eines Dialektes zu erklären.

In Kapitel 6 wurde dargelegt, wie wichtig der Gesang im Leben vieler Vogelarten ist. Er ist ein Signal, wie die Verhaltensforscher

sagen. Wirksame Signale müssen eindeutig sein. Können sie mißverstanden werden, sind die Folgen schwerwiegend. Man denke an
einen rot-grün-blinden Autofahrer vor der Ampel einer Großstadtkreuzung. Ähnlich wirkt ein nicht artgemäßer Vogelgesang
im Hinblick auf die Fortpflanzung des Sängers. Er wird zwar

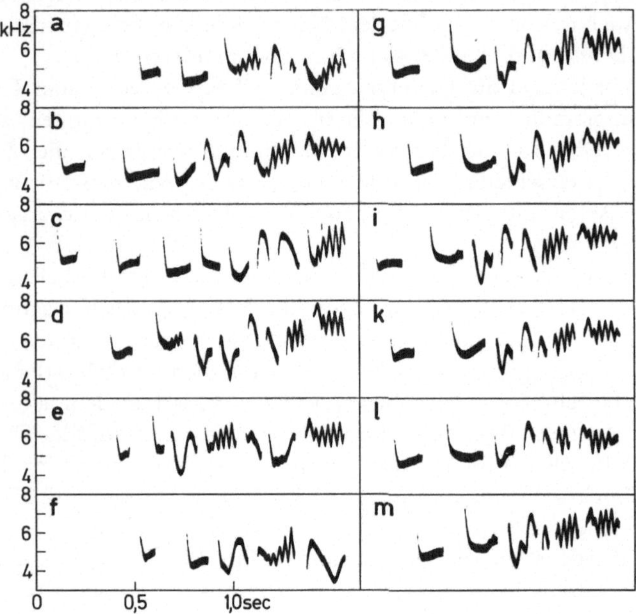

Abb. 62a—m. Je eine Strophe von zwölf Gartenbaumläufer-Männchen.
a Norddeutschland, b Süddeutschland, c Mittelspanien, d Jugoslawien, e, f
Mittelspanien, g—m Freiburg (Süddeutschland)

nicht mit anderen zusammenstoßen wie der farbenblinde Verkehrsteilnehmer, aber seine Chancen, ein artgleiches Weibchen
anzulocken, sind gering. Der experimentelle Nachweis fehlt hierfür zwar noch, aber viele Anzeichen sprechen für diese Deutung.

Die Umwandlung eines Signals durch Lernen birgt die Gefahr
der Luxusbildung und damit Verwässerung des Signals in sich.
Tatsächlich scheinen die Gesänge vieler Arten mehr zu enthalten,
als sie haben müßten, um Artgenossen am besten anzusprechen.
Bremonds (1968) Versuche an Rotkehlchen machen das wahr

100

scheinlich. Arten mit komplizierten Gesängen wie Rotkehlchen oder Amseln müssen ein gutes Abstraktionsvermögen haben, um das Überflüssige zu „überhören". Dialektvögel erreichen dasselbe, nämlich die Signalwirkung zu erhalten, vielleicht auf andere Weise.

Die Abb. 62 veranschaulicht eine solche Möglichkeit. Auf der linken Seite der Abbildung ist eine Raritätensammlung von Gartenbaumläuferstrophen abgebildet. Sie stammen aus Norddeutschland, Süddeutschland, Jugoslawien und Spanien. Sie spiegeln das gesamte Spektrum dieser Vogelart wider. Einem Gartenbaumläuferweibchen, das ein Männchen sucht, fällt es vielleicht gar nicht so leicht, alle diese Strophen sofort richtig zu deuten, also als Signal zu erkennen: „Hier ist ein Gartenbaumläufermännchen". Wieviel einfacher wäre es für das Weibchen, wenn alle Gartenbaumläufermännchen so singen würden, wie die sechs Männchen auf der rechten Seite der Abbildung. Und das tun sie für ein Weibchen auf Freiersfüßen ja tatsächlich, denn der „Horizont" eines Vogels liegt meistens viel näher, als wir es ihm zutrauen möchten. Er kann zwar Tausende von Kilometern fliegen, aber selbst Zugvögel siedeln sich meistens ganz in der Nähe ihres Geburtsortes an. Und dort wird ein Gartenbaumläuferweibchen auf Männersuche höchstens in zwei oder drei Dialektgebiete geraten. Häufiger wird es schon im ersten sein Ziel erreichen. Die für das Weibchen wichtigen Signale variieren also nicht wie die zehn Strophen auf der linken Seite der Abbildung, sondern oft nur wenig mehr als auf der rechten Seite. Die sechs rechts alle als Gartenbaumläufergesang zu erkennen, ist sicher einfacher als bei den sechs Strophen links. Die Dialekte verbessern somit die Signalwirkung des Gesanges, indem sie seine Variabilität einengen. Das ist eine Erklärung, warum Vögel Dialekte haben. Ob sie richtig ist?

10. Entstehung neuer Arten

a) Was sind Arten?

Immer wieder war in den vergangenen Kapiteln von Tierarten die Rede. Was ist überhaupt eine Art? Die Antwort ist scheinbar einfach. Eine Tierart besteht aus Gruppen von Individuen, die sich unter natürlichen Bedingungen unbeschränkt miteinander fortpflanzen. Höhere Tiere lassen sich auf diese Weise ohne Schwierigkeiten in Arten einteilen, wenn sie im gleichen Gebiet vorkommen. Das Areal der Tierarten ist aber meistens nicht lückenlos, und dann läßt sich nicht entscheiden, ob sie sich unter natürlichen Bedingungen unbeschränkt kreuzen würden. Die Betonung liegt hier auf „natürliche Bedingungen", denn in Gefangenschaft lassen sich verschiedene Arten oft ohne große Mühe kreuzen.

Kommen zwei Gruppen von Individuen nicht im gleichen Gebiet vor, muß man untersuchen, wie verschieden sie sind, und das Resultat mit ähnlichen Arten vergleichen, die im selben Gebiet unvermischt leben. Daraus läßt sich schließen, ob geographisch getrennte Populationen zu einer oder zu zwei Arten gehören. Ganz sicher ist diese Entscheidung freilich nicht; deshalb können wir auch nicht sagen, es gibt 8611 Vogelarten auf der Welt, sondern nur: es sind rund 8600, aber das soll uns wenig bedrücken. Wir wollen uns vielmehr der faszinierenden Frage zuwenden, wie neue Tierarten entstehen.

b) Fortpflanzungsschranken

Die Faktoren, die eine Kreuzung zwischen zwei Individuengruppen verhindern, nennen wir mit Dobzhansky Isolationsmechanismen. Sie können an ganz verschiedenen Stellen ansetzen. Brüten zwei Individuengruppen im gleichen Gebiet, aber zu verschiedener Jahreszeit oder in einem anderen Lebensraum, treffen sie sich nicht. Treffen sie sich, können Verhaltensschranken eine Paarbildung verhindern. Für die andere Gruppe unverständliche Bewegungen und Lautäußerungen, bei manchen Tieren auch der Geruch, wirken auf diese Weise isolierend. Ein möglicher Partner aus einer anderen Gruppe kann aber auch ignoriert werden, weil er ungewöhnlich gefärbt ist. Ein gelber an Stelle eines roten Ringes um das Auge genügt dazu mitunter schon, wie Versuche von Smith (1966) an Möwen gezeigt haben. Der in der Tabelle unter 1 c angeführte Fall spielt bei Vögeln sicher keine oder nur eine untergeordnete Rolle.

Die drei bisher beschriebenen Isolationsmechanismen verhindern eine Bastardierung, *bevor* es zu einer Befruchtung der Eier kommt. Danach wirken andere Faktoren hemmend.

Einteilung der Isolationsmechanismen (nach Mayr, 1967):

1. Mechanismen, die Artbastardierung verhindern:
   a) Potentielle Gatten treffen sich nicht
      (jahreszeitliche und Lebensraumisolation).
   b) Potentielle Gatten treffen sich, aber verpaaren sich nicht
      (Verhaltensisolation).
   c) Kopulation wird versucht, aber Sperma tritt nicht über
      (mechanische Isolation).

2. Mechanismen, die den vollen Erfolg der Artbastardierung verhindern:
   a) Sperma tritt über, aber das Ei wird nicht befruchtet
      (genetische Mortalität).
   b) Das Ei wird befruchtet, stirbt aber ab
      (zygotische Mortalität).
   c) Es entstehen Bastarde, deren Lebensfähigkeit reduziert ist
      (Lebensuntüchtigkeit der Hybriden).
   d) Die voll lebenstüchtigen Bastarde sind steril oder produzie-
      ren mangelhafte Nachkommen (Bastardsterilität).

Gegen die Samenfäden einer anderen Art kann der weibliche Körper abwehrend reagieren und somit eine Befruchtung des Eies oder dessen Entwicklung verhindern. Die Erbsubstanz von Männchen und Weibchen darf nicht zu verschieden sein, um lebenstüchtige Nachkommen zu zeugen, denn während der Entwicklung eines höheren Lebewesens aus Ei und Samenfaden zu einem erwachsenen Tier spielen sich unendlich viele Prozesse ab, die genau aufeinander abgestimmt sind. Zu große Unterschiede führen zu Sterilität oder zu verminderter Lebensfähigkeit der Bastarde.

Wie erwähnt wurde, müssen zwei Tierarten nicht unbedingt sterile oder gar keine Nachkommen zeugen. Mindestens bei höheren Tieren scheinen sich zunächst Mechanismen auszubilden, die eine Paarung verhindern. Dafür kommen bei Vögeln in erster Linie Bewegungsweisen, Lautäußerungen und Farbmuster in Frage. Meistens aber wird nicht nur ein Faktor wirksam sein, sondern mehrere, um die Arttrennung zu gewährleisten.

c) Die ersten Schritte

Kein Tier, das aus der Verschmelzung eines Samenfadens und einer Eizelle hervorgeht, ist mit irgendeinem anderen identisch. Es unterscheidet sich von anderen in vielen Einzelheiten seiner Erbsubstanz, die durch Mutationen und Neukombinationen von Genen zustande kommen. Ein Teil der Mutationen ist ungünstig. Ihre Träger werden schnell ausgemerzt.

Die Areale der meisten Vogelarten erstrecken sich über weite Gebiete mit ganz verschiedenen Umwelteinflüssen. Je nach der Art dieser Bedingungen ist an einem Ort dunkle, an einem anderen helle Färbung günstiger. Da die Träger ungünstiger Färbung oder Größe schlechtere Lebenschancen und damit weniger Nachkommen haben, setzen sich die jeweils am besten angepaßten Individuen durch.

Der Haussperling ist dafür ein gutes Beispiel. 1852 wurden in Nordamerika Haussperlinge freigelassen. Vorher gab es dort diese Art nicht. Sie besiedelte in kurzer Zeit riesige Gebiete, wo manche Populationen noch keine 50 Jahre Zeit hatten, sich zu differenzieren, und doch haben sie sich in der Färbung bereits an ihre Umwelt angepaßt, genauso wie im gleichen Gebiet heimische Vogelarten.

Die Individuengruppen einer Vogelart können sich zwar vermischen, innerhalb eines größeren Areals sind sie aber sowohl in ihrer Erbsubstanz wie im Äußeren verschieden. Eine Abweichung von anderen wird besonders bei solchen Gruppen gefördert, deren Verbreitungsgebiet durch Barrieren geteilt ist. Sind die unbewohnbaren Zwischenräume breit genug, um einen Austausch von Individuen stark zu beschränken oder gar zu verhindern, wirkt sich das ganz besonders aus.

Wir wollen uns dazu noch einmal den Gartenbaumläufergesang ansehen, und zwar das letzte Element (F). Der Abb. 63 ist zu entnehmen, daß die Übereinstimmung des ersten Typs in einem großen Gebiet, nämlich von Norddeutschland bis Nordspanien, ausgezeichnet ist. Dagegen kommt an drei Orten in Mittel- und Südspanien ein anderer Typ vor, oder das Element fehlt. Innerhalb der isolierten Gebiete wird das Element F aber auch im Süden sehr einheitlich vorgetragen.

Wie ist dieses Verbreitungsmuster zu erklären? Der Gartenbaumläufer benötigt als Lebensraum rauhborkige ältere Bäume in einer Dichte, wie sie uns von Parkanlagen, Obstgärten und Wäldern vertraut ist. Diese Voraussetzungen sind von Norddeutschland bis Nordostspanien ohne allzu große Unterbrechungen gegeben. In Mittel- und Südspanien sind dagegen weite Gebiete frei

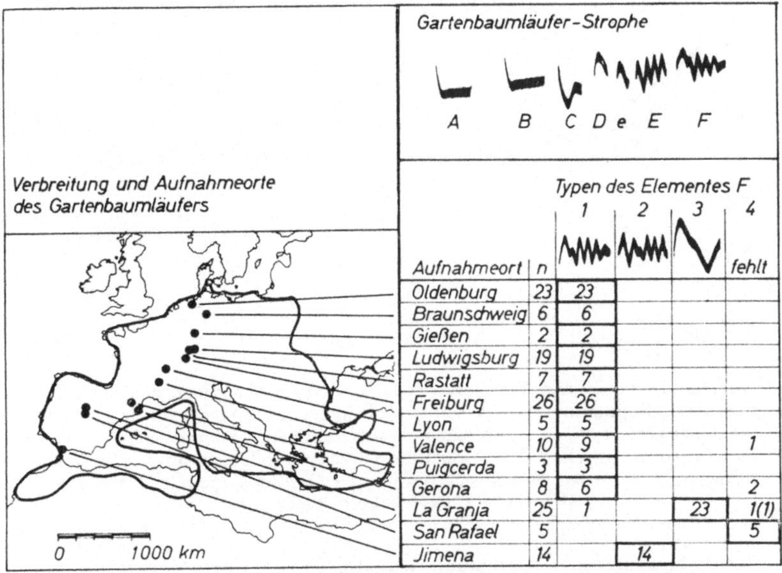

Aufnahmeort	n	Typen des Elementes F			
		1	2	3	4 (fehlt)
Oldenburg	23	23			
Braunschweig	6	6			
Gießen	2	2			
Ludwigsburg	19	19			
Rastatt	7	7			
Freiburg	26	26			
Lyon	5	5			
Valence	10	9			1
Puigcerda	3	3			
Gerona	8	6			2
La Granja	25	1		23	1(1)
San Rafael	5				5
Jimena	14		14		

Abb. 63. Geographische Variation des letzten Elementes (F) der Gartenbaumläuferstrophe. Das letzte Element ist von Norddeutschland bis Nordspanien ganz einheitlich, während in Mittel- und Südspanien jede Population eine andere Version hat

von Wald oder überhaupt leer von älteren Bäumen. Zwischen den einzelnen Waldinseln in Spanien bietet das Land für einen Gartenbaumläufer keine Lebensmöglichkeit. Er lebt in spanischen Wäldern ähnlich wie ein Landvogel auf einer vom Meer umgebenen Insel. Der Austausch zwischen den Populationen ist unter diesen Voraussetzungen stark behindert. In dem geschlossenen Areal im Norden fehlt dagegen diese Beschränkung.

Die spanischen Populationen sind aber nicht nur isoliert, ihre Individuenzahl ist zudem auch kleiner. Wie weit das eine vom Hauptareal abweichende Entwicklung beschleunigt, sei dahingestellt. Wahrscheinlich muß der Bestand bis auf wenige Individuen

zusammenschmelzen, um im Sinne einer schnellen Differenzierung
wirksam werden zu können. Im Laufe der letzten 5000 Jahre
hat es ziemlich sicher einige Male Katastrophen gegeben, die den
Bestand radikal dezimiert haben, etwa lang anhaltende Dürre,
Nässe oder Kälte. In einem kleinen Areal „verarmt" dadurch

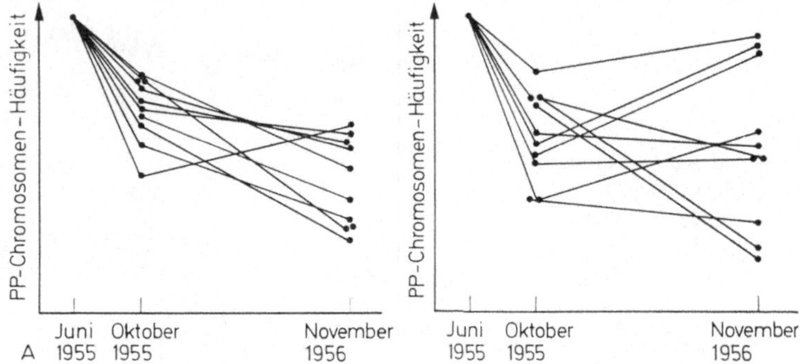

Abb. 64. 20 voneinander isolierte Populationen der Taufliege gleicher Herkunft. Die Populationen links wurden mit je 4000, die rechts mit je 20 Individuen angesetzt. Nach 17 Monaten — also viele Generationen später — war
die Variation zwischen den Populationen rechts größer als links. Die senkrechte Skala gibt den Prozentsatz bestimmter Chromosomen an. Nach Dobzhansky und Pavlovsky in Mayr 1967

die Erbsubstanz — genauso wie die durch Lernen erworbene
Variationsbreite — stärker als in einem großen Gebiet, wenn man
die gleiche Verminderungsrate annimmt.

Dobzhansky und seine Mitarbeiter haben in Modellversuchen
an der Taufliege die Entwicklung von zehn kleinen und zehn
großen Populationen im Labor verfolgt. Die großen Populationen
setzten sie mit je 4000, die kleinen mit je 20 Individuen in Zucht-
kästen an (Abb. 64). Vier Monate später war der Anteil bestimmter Mutationen* in den einzelnen Populationen verschieden hoch.
In den großen Populationen blieb die Streuungsbreite der Population nach weiteren 13 Monaten unverändert, während sie bei der
anderen Gruppe stark anstieg (Abb. 64). Dabei stammten alle
20 Populationen von denselben Elternpopulationen ab. Der Ver-

---

* Mutationen sind Änderungen der Erbträger, die an die Nachkommen
weitergegeben werden und damit eine Grundlage sind für die allmähliche
Veränderung der Lebewesen im Laufe der Erdgeschichte.

such zeigt einmal die Wirkung der Isolation, denn zwischen den 20 Populationen war kein Austausch möglich, und zum anderen das Ergebnis der Reduzierung auf wenige Individuen.

Während wir den Isolationseffekt beim spanischen Gartenbaumläufer direkt vor Augen haben, können wir nicht mit Sicherheit sagen, ob die dortigen Populationen wirklich einmal bis auf wenige Individuen dezimiert waren.

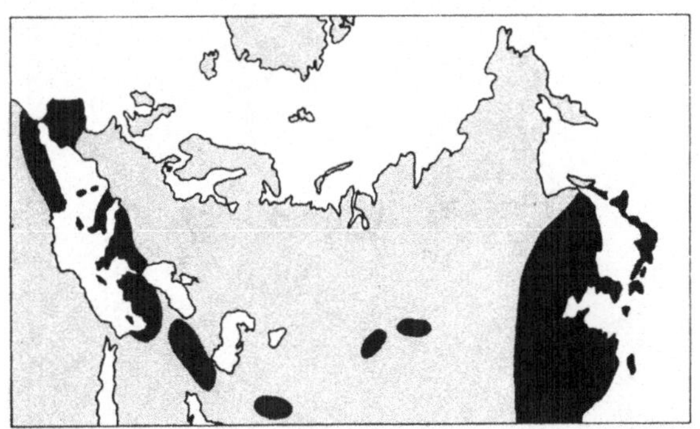

Abb. 65. Rückzugsgebiete für Waldtiere während der letzten Eiszeit. Nach Reinig 1938, verändert

Die letzte Eiszeit, die vor rund 10 000 Jahren zu Ende ging, hatte Nord- und Mitteleurasien für viele Vogelarten unbewohnbar gemacht. Eis und Kälte hatten den Wald vernichtet. Wir wissen das unter anderem aus den sogenannten Pollendiagrammen. In unseren Mooren lagert sich zusammen mit anderem staubfeinen Material jedes Jahr eine Schicht Pollen ab. Pollen enthalten die männlichen Keime der Windblüter unter den Pflanzen, die in ungeheurer Menge vom Wind verweht werden, sehr zum Kummer derjenigen, die davon Heuschnupfen bekommen. Für die Wissenschaft sind diese Pollen von großer Bedeutung, da die fossilen Pollenkörner unter dem Mikroskop dem Kundigen ihre Art verraten. Somit erhält man Auskunft, welche Pflanzen früher bei uns gewachsen sind. Das Mosaik vieler Untersuchungen ergab eindeutig: Während der letzten Eiszeit fehlte Wald bei uns und in vielen anderen Gebieten.

Die Waldtiere mußten sich in die in der Abb. 65 schwarz eingezeichneten Gegenden zurückziehen. Damit wurde das Areal

vieler im Norden zuvor weitverbreiteter Arten zersplittert. Die
Isolation konnte nun wirken. Die Art und der Grad der Auseinanderentwicklung ist bei den einzelnen Formen ganz verschieden. Daß dies nicht nur Theorie ist, sollen die folgenden Beispiele
zeigen.

Die Schwanzmeisen sind im Norden und Osten Europas weißund im Westen und Süden streifenköpfig. In Mitteleuropa gibt

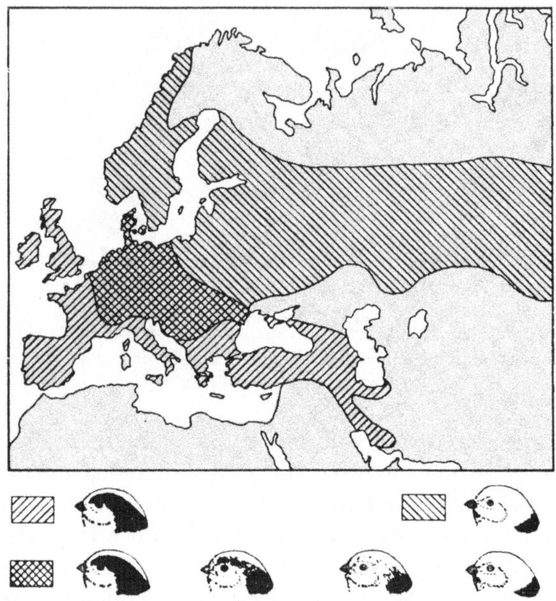

Abb. 66. Verbreitung der streifen- und weißköpfigen Schwanzmeisen und das
Mischgebiet, in dem „reine" und alle Übergänge vorkommen. Unterer Teil
der Abbildung nach Niethammer, verändert

es beide Formen mit allen Übergängen (Abb. 66), die sich ohne
Einschränkung miteinander kreuzen und unbeschränkt fruchtbar
sind. Aus dem Verbreitungsbild kann man folgern, daß die weißköpfigen die Eiszeit in weit östlich gelegenen Refugien Südasiens
überdauert haben, die streifenköpfigen in südlichen (Stresemann,
1919). Nach der Eiszeit stießen die Weißköpfe und die Streifenköpfe bis nach Mitteleuropa vor. Da sich ihre Verschiedenheit
auf die Kopfzeichnung beschränkt und diese für das gegenseitige

Erkennen offenbar keine Rolle spielt, vermischen sich beide Formen. Wären sie nicht so auffällig verschieden gefärbt, wüßte man über ihre vermutliche Verbreitungsgeschichte nichts.

Am Gesang des Gartenbaumläufers und an der Farbverteilung bei der Schwanzmeise lassen sich die ersten Schritte einer Aufspaltung erkennen, die vielleicht einmal zu neuen Arten führen wird. Die Chancen, dieses Stadium zu erreichen, sind jedoch gering, da die Isolation oft zu früh unterbrochen wird, wie uns die Schwanzmeisen lehren.

d) Die Fortgeschrittenen

Raben- und Nebelkrähe

Raben- und Nebelkrähe sehen in der Färbung so verschieden aus (Abb. 67), daß der Unbefangene sie für zwei Arten halten könnte. Tatsächlich kreuzen sie sich aber. Das Verbreitungsbild beider Formen sieht jedoch anders aus als das der Schwanzmeise. Es gibt hier kein breites Vermischungsgebiet, sondern nur eine schmale Zone (Abb. 68), die sehr konstant ist. Sie wurde 1887 zum erstenmal kartiert, 1928 folgte die zweite Untersuchung. Das Ergebnis war überraschend. Seit 1887 war keine wesentliche Veränderung festzustellen, und dies gilt bis heute. Es ist nicht bekannt, warum Raben- und Nebelkrähen ihr Areal nicht weiter übereinanderschieben. Einleuchten würde die Erklärung, daß die

Abb. 67. Raben- und Nebelkrähe

Vermischung nicht unbeschränkt sei oder die Bastarde in irgendeiner Weise benachteiligt seien. Die Differenzierung ging offenbar nicht so weit, daß es zu einer Artbildung kam. Merkwürdig ist das Vorkommen der rein schwarzen Form im Westen wie im

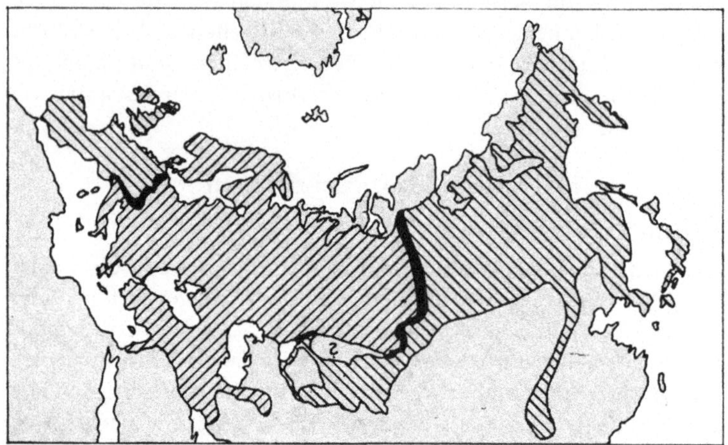

Abb. 68. Verbreitung von Raben- und Nebelkrähe. ▨ Nebelkrähe, ▦ Bastardzone, ▩ Rabenkrähe. Nach Meise 1928, verändert

Osten des Verbreitungsareals. Danach müssen die Nebelkrähen in einem Refugium entstanden sein, wo sie sich stark wandelten, während die Ost- und die Westform zumindest im Aussehen weniger verändert wurden.

Zilpzalp

Das Kapitel „An ihren Liedern sollt ihr sie erkennen" hat uns mit dem Zilpzalp bekannt gemacht, dessen Gesang vom Polarkreis bis nach Südfrankreich nur in engen Grenzen variiert. In Spanien, Portugal, Nordafrika und auf den Kanarischen Inseln singen die Zilpzalpe dagegen ganz anders (Abb. 69, 70). Nach dem Gesang könnte man die beiden Formen für zwei Arten halten. Ein Mischgebiet in den Ausläufern der Pyrenäen in Südwestfrankreich spricht aber gegen diese Deutung. Hier gibt es Männchen, die beide Gesangsformen beherrschen, und andere bringen alle möglichen Zwischenstufen; an einer Stelle ist das Grenzgebiet ganz scharf. So singen die Zilpzalpe auf der einen Seite der französischen Stadt Pau wie bei uns und auf der anderen Seite wie in Spanien. An der Atlantikküste ist das Übergangsgebiet breiter.

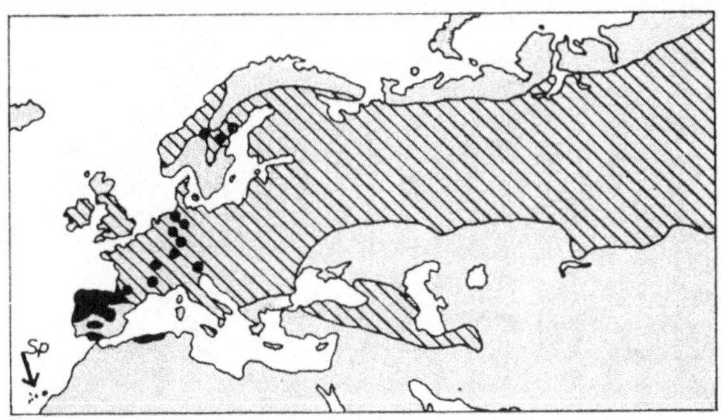

Abb. 69. Verbreitung zweier Gesangsformen des Zilpzalps. ■ Spanische Gesangsform, • Aufnahmeorte „normaler" Sänger, ▨ sonstige Verbreitung des Zilpzalps

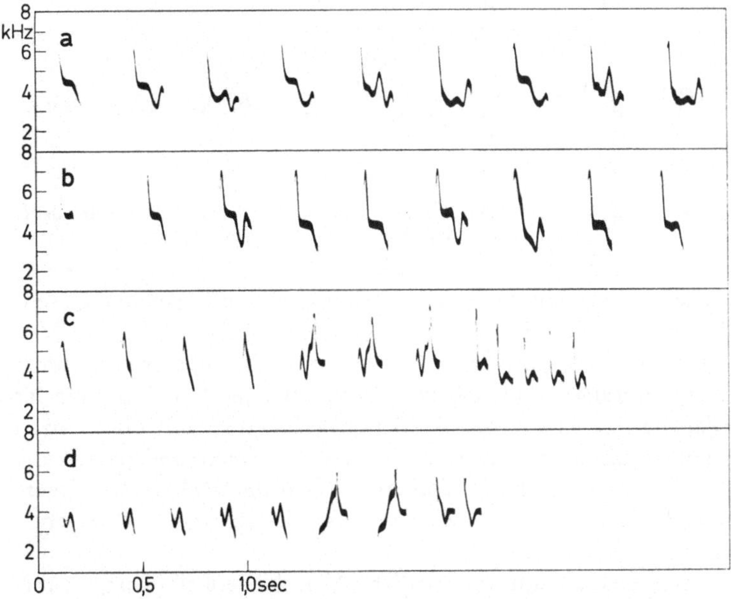

Abb. 70. a Strophe eines nordschwedischen Zilpzalps, b eines südwestdeutschen Zilpzalps, c, d Strophen von zwei spanischen Zilpzalpen

Die sibirischen Zilpzalpe singen wieder ganz anders (Abb. 71). Wie einheitlich ihr Gesang ist, wissen wir nicht. Ebensowenig ist die Größe ihres Gesangsareals bekannt. Bisher ist nur die Aufnahme von einem Vogel auf einer Schallplatte zu uns gekommen.

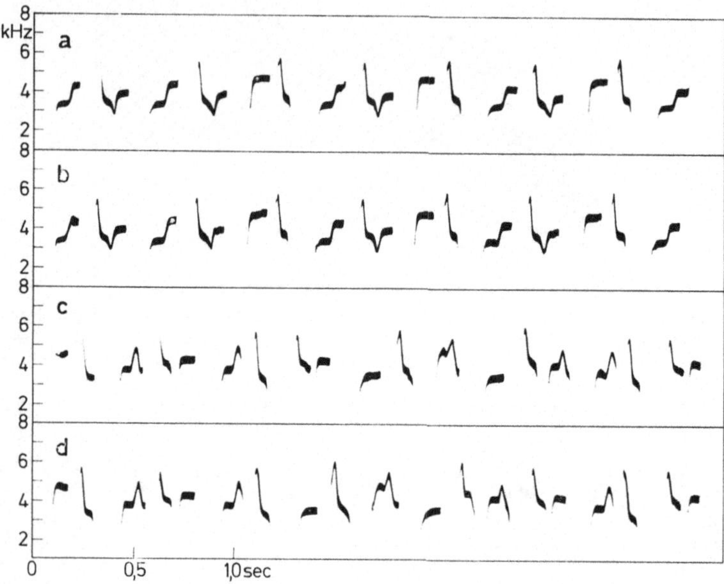

Abb. 71a—d. Vier Strophen eines sibirischen Zilpzalps. Nach Tonbandaufnahmen von Veprinstev und Naoomova 1964

Sonst sind wir auf einige Beschreibungen von Forschungsreisenden angewiesen, die aber wenig Aufschluß geben.

Das Verbreitungsmuster der Zilpzalp-Gesangsformen ähnelt dem von Raben- und Nebelkrähe sehr. Wie die Mosaikmuster der Dialekte sind sie in einem Gebiet ganz einheitlich und die Grenzen relativ scharf. Im Gegensatz zu den Dialekten sind jedoch die Areale sehr ausgedehnt. Außerdem sind die qualitativen Unterschiede der Gesangsformen so groß, wie wir sie sonst zwischen Arten gewohnt sind.

Diese ausgeprägte innerartliche Verschiedenheit wurde wahrscheinlich während einer Isolation erworben. Die heute stark gegensätzlichen Populationen müssen danach früher einmal geographisch getrennt gewesen sein. Die Ursache der räumlichen Isolation könnten auch hier klimatische Katastrophen, wie eine Eiszeit, gewesen sein, die unsere heutige Tierwelt bestimmt ganz wesentlich geprägt haben.

Das Äußere der Krähen und die Gesangsformen des Zilpzalps haben sich in der Isolation aber nicht so weit auseinanderentwikkelt, daß sie sich bei ihrem späteren Zusammentreffen schon wie richtige Arten verhalten hätten. Die Trennung dauerte nicht lange genug, und somit blieb die Artspaltung auf halbem Wege stehen.

Kohlmeise

Die Kohlmeise steht dem „Bruch" in verschiedene Arten offenbar noch ein Stück näher. Ihr Areal reicht in einem breiten Gürtel von England bis Japan. Durch Südasien bis ins Mittelmeergebiet verläuft der südliche Teil des Verbreitungsringes (Abb. 72). Wie ein Ring sieht es jedenfalls auf der Karte aus. Im Norden dürfte das Areal tatsächlich ziemlich geschlossen sein, im Süden aber nicht. Hier nehmen Steppen, Wüsten und Gebirge riesige Räume ein, die zwar selbst von Kleinvögeln auf dem Zuge zwischen Brutgebiet und Winterquartier überquert werden; in ihrer Ausdehnung beschränken die Barrieren den Austausch von Brutvögeln zwischen den einzelnen Populationen jedoch sehr. Das Resultat sehen wir im Südring in der Aufsplitterung in 36 Rassen*. Von England bis zum Pazifik sind es dagegen nur drei. Die Rassen lassen sich wieder in drei oder vier große Gruppen einteilen. Kohlmeisen der *major*-Gruppe sehen mit ihrem gelben Bauch und grünen Rücken so aus wie unsere, die der *minor*-Gruppe haben einen weißen Bauch und einen grünen Rücken, und die *cinereus*-Kohlmeisen sind auf dem Bauch und Rücken weißgrau. Über die vierte Form mit dem Namen *bokharensis* sind sich die Gelehrten nicht einig, ob sie schon eine eigene Art ist oder nicht. *Bokharensis* kommt in Turkestan vor, wo Ornithologen nicht so dicht gesät sind wie bei uns. Daher sind unsere Kenntnisse mager. Sicher ist nur, daß *bokharensis* nahe mit der Kohlmeise verwandt ist, wie übrigens zwei weitere Arten in Indien ebenfalls, nämlich die Bergmeise und die Kronenmeise.

---

* Rassen sind Gruppen von Populationen, die sich in Farbe oder Größe voneinander unterscheiden. Zwischen Rassen gibt es im allgemeinen keine Isolationsmechanismen.

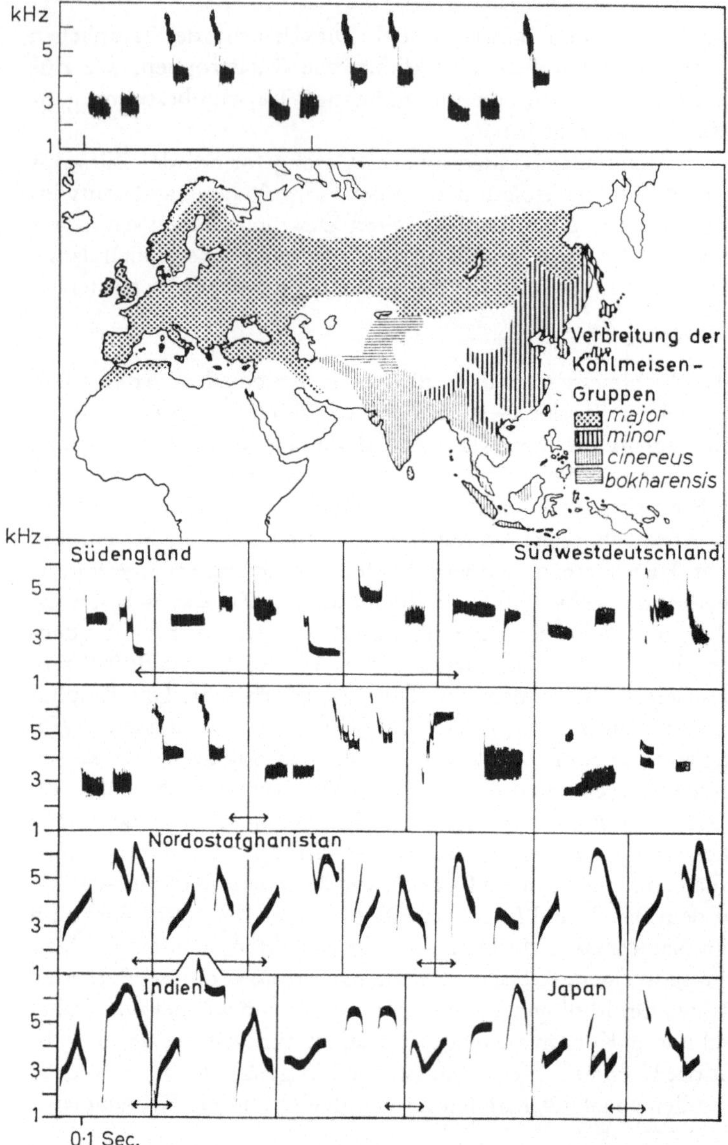

Abb. 72. Verbreitung der vier großen Kohlmeisengruppen. Darunter Gesangsteile der Kohlmeise, die zu Strophen gereiht werden (oben). Elementgruppen aus verschiedenen Strophen desselben Männchens sind mit einem Doppelpfeil gekennzeichnet. Die Elemente europäischer und südasiatischer-ostasiatischer Kohlmeisen unterscheiden sich grundsätzlich. Nach Gompertz 1968

Die Kohlmeise ist also im Süden ihres Areals am stärksten aufgespalten. Und diese Differenzen sind nicht auf ihr Aussehen beschränkt. Den Gesang unserer Kohlmeisen, wie das anmutig klingende *zizibebe*, kennt wohl jeder. Für nahezu alle ihre Strophen ist die Wiederholung einer Gruppe von Elementen charakteristisch

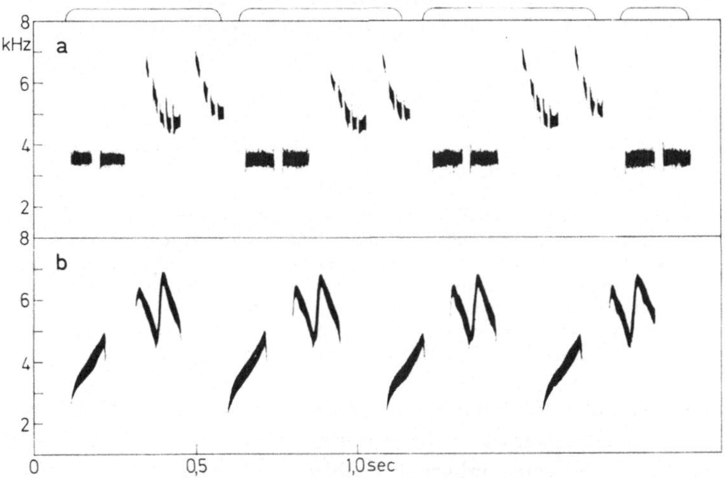

Abb. 73. a Strophe einer europäischen Kohlmeise. Jede Strophe entsteht durch Reihung einer Gruppe von Elementen, in dieser Strophe sind es vier. b Strophe einer afghanischen Kohlmeise. Die Wiederholung einer Gruppe von Elementen ist wie bei der europäischen Strophe. Die Qualität der Elemente und damit ihr Klang ist jedoch in a und b grundverschieden

(Abb. 73). Ein Vergleich solcher Strophenteile zwischen englischen und deutschen Kohlmeisen zeigt die prinzipielle Übereinstimmung nicht nur im Strophenbau, sondern auch in der Form der Elemente (Abb. 72).

Hört man in Afghanistan oder Indien eine Kohlmeise singen, ohne sie zu sehen, glaubt man eher eine Tannenmeise zu vernehmen als eine Kohlmeise. Der Strophenbau mit den Wiederholungen ist zwar genauso wie bei uns, die Form und damit die Klangfarbe der Elemente ist aber grundsätzlich anders. Man sieht das beim Vergleich der Abb. 72 auf den ersten Blick, und entsprechend verhalten sich unsere Kohlmeisen, wenn man ihnen eine Strophe der afghanischen vorspielt (Abb. 74). Sie reagieren meistens gar nicht oder nur wie auf den Gesang anderer Meisenarten. Wieweit kleine Gesangsunterschiede zwischen den afghanischen, indischen und japanischen Kohlmeisen bestehen, läßt sich erst an Hand eines größeren Materials entscheiden.

Aus Indien werden regelmäßig Kohlmeisen nach Europa importiert. Sie dienen den indischen Händlern als Füllmaterial ihrer Transporte. Sonderlich interessiert sind die Vogelliebhaber in

n			0 20 40 60 80 100 120 140
A	20	Europäische Kohlmeise	
B	12	Afghanische Kohlmeise	

Abb. 74. A Europäischen Kohlmeisen wurde die Strophe aus Abb. 73 a zehnmal vorgespielt und nach einer Pause von zwei Minuten noch einmal gleich oft. Die Zahl der Männchen, die davon bei der zweiten Serie angelockt wurden, ist = 100 gesetzt (Strichellinie). Die Zahl der durch die erste Strophe angelockten Männchen steht dazu im Verhältnis (Säulen) — B Versuch wie in A, nur wurden in der ersten Serie afghanische Strophen (Abb. 73 b) vorgespielt. n = Zahl der untersuchten Männchen

Europa an diesen Vögeln nicht. Die Engländerin Terry Gompertz kaufte sich ein paar dieser Ladenhüter und brachte sie in Volieren und im Freien mit englischen Kohlmeisen in Kontakt. Die Abneigung zwischen den Meisen verschiedener Herkunft war tief und gegenseitig. Einige ihrer Lautäußerungen sind offenbar so differenziert, daß sie sich nicht mehr als arteigen erkennen. Ob Bewegungsweisen und das verschiedene Aussehen dabei ebenfalls eine Rolle spielen, ist ungewiß. Terry Gompertz bekam zwar doch noch Bastarde zwischen einem englischen Männchen und einem indischen Weibchen, aber nur, weil beide in der Gefangenschaft keine andere Wahl hatten. Die Jungen dieses Paares sahen wie indische Kohlmeisen aus und sangen wie diese. Nachdem sie freigelassen waren, hielten sie sich noch wochenlang an ihrem Geburtsort auf. Niemals kam es zwischen den Bastarden und den Einheimischen zu Gesangsduellen oder zu sexueller Annäherung.

Kämen indische und europäische Kohlmeisen unter natürlichen Bedingungen zusammen, würden sie sich wahrscheinlich wie zwei Arten verhalten. Die Differenzierung ist in manchen Gebieten des Kohlmeisenareals offenbar schon bis zur Artspaltung fortgeschritten.

e) Zwillingsarten

Garten- und Waldbaumläufer sehen sich so ähnlich, daß sie lange Zeit für eine Art gehalten wurden. Dem Scharfblick des alten Brehm sind die Unterschiede freilich nicht entgangen. Er beschrieb 1820 den Gartenbaumläufer als zweite bei uns vorkommende Baumläuferart. Sein nicht minder begabter Zeitgenosse,

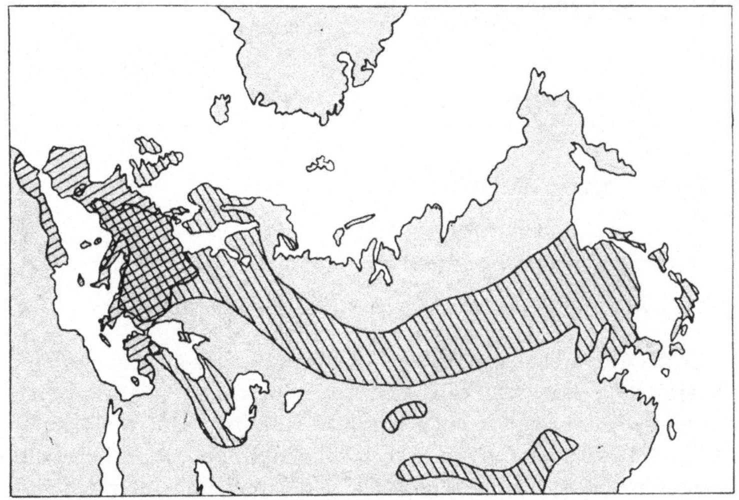

Abb. 75. Verbreitung von Garten- und Waldbaumläufer. ▨ Gartenbaumläufer, ⊠ beide Arten, ▧ Waldbaumläufer

Johann Friedrich Naumann, bestritt jedoch die Existenz zweier Arten. Brehm behielt in dieser Auseinandersetzung recht. Bis heute hat man keinen Bastard zwischen beiden Arten gefunden, und selbst in der Gefangenschaft stehen einer Artkreuzung breite Schranken im Wege.

Die Verbreitung der Südwestform (Gartenbaumläufer), der Ostform (Waldbaumläufer) und das Gebiet, in dem beide vorkommen, ähneln dem uns schon bekannten Bild von der Schwanzmeise verblüffend (Abb. 75). Stresemann hat schon 1919 beide Verbreitungsmuster gleich erklärt. Danach wurde die Stammform beider Baumläufer während der letzten Eiszeit in eine Ost- und in eine Südwestform gespalten. Während der Isolation entwickelten sie

sich auseinander. Seitdem bevorzugt der Waldbaumläufer Wälder
mit glattrindigen Bäumen, das sind bei uns Buchen, Fichten und
Tannen, während der Gartenbaumläufer selbst Gärten und lichte
Parks nicht scheut, wenn sie mit rauhborkigen Bäumen bestanden
sind. Da die Trennung der Lebensräume nicht vollständig ist,
kommen an vielen Orten beide Arten vor.

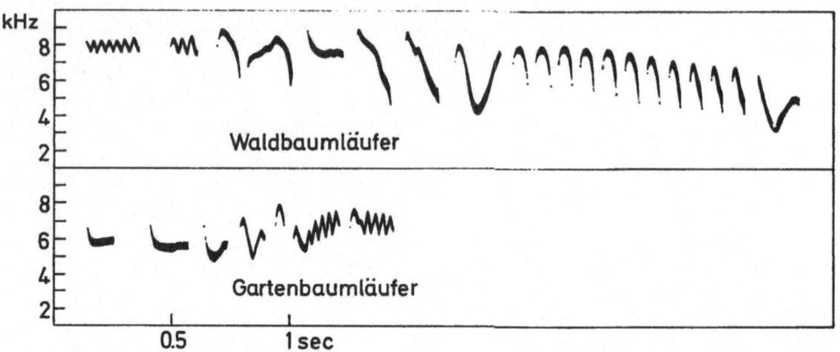

Abb. 76. Je eine Strophe von Wald- und Gartenbaumläufer

In Skandinavien gehört der Waldbaumläufer zu den wenigen
Vogelarten, die trotz Polarnacht überwintern. Seine gute Anpassung an Kälte zeigt er auch bei uns. Waldbaumläufer rücken an
Winterabenden erst bei — 14°C auf Tuchfühlung, um so die kalte
Nacht besser zu überstehen, während Gartenbaumläufer den ganzen Winter über in Trauben schlafen. Bis 20 Vögel gehören hier
zu einer Schlafgemeinschaft (Abb. 45).

Es bestehen also Artunterschiede in der Bevorzugung der
Bäume und im Schlafverhalten, doch reicht das nicht zu ihrer
Isolation. Da beide Arten ungefähr zur gleichen Zeit ganz ähnliche
Nester hinter abstehender Rinde bauen und in ihren Balzhandlun-
gen kaum verschieden sind, müssen wir anderswo nach Schranken
suchen, die eine Artkreuzung verhindern. Der alte Brehm führt
bereits als Kennzeichen des Gartenbaumläufers seine Stimme an,
und die ist im Gesang und einigen Lauten von seiner Zwillingsart
grundverschieden (Abb. 44, 76). Wir gehen wahrscheinlich nicht
fehl, sie als eine wesentliche Barriere gegen eine Artvermischung
anzusehen.

Zwillingsarten unterscheiden sich von anderen ebenfalls nahverwandten Arten nicht grundsätzlich, sondern nur graduell. Sie

118

sind wohl in den meisten Fällen „eben" entstandene Arten und deswegen für die Evolutionsforschung von besonderem Interesse. Wir sind ziemlich sicher, daß sie ihre Unterschiede während einer langen Zeit stufenweise erworben haben, wie es in den beiden vorigen Abschnitten geschildert wurde.

Neben den Baumläufern gibt es bei uns eine Reihe weitere Zwillingsarten unter den Vögeln: Zilpzalp/Fitis, Winter-/Sommergoldhähnchen, Trauer-/Halsbandschnäpper, Nachtigall/Sprosser, Sumpf-/Weidenmeise, Küsten-/Flußseeschwalbe sowie Bunt-/Blutspecht. Zwei von ihnen sollen im übernächsten Kapitel vorgestellt werden.

f) Die Bedeutung der Artbildung

Arten können, soweit wir wissen, auf verschiedene Weise entstehen. Im Laufe längerer Zeit bleiben sie meistens nicht gleich. Klimaveränderungen, neu ins eigene Gebiet einwandernde Arten, die als Nahrungskonkurrenten auftreten, und viele andere Einwirkungen machen Anpassungen notwendig, die zwangsläufig zu Änderungen führen. An Hand von Versteinerungen, die aus längerer Zeit „lückenlos" vorliegen, läßt sich diese Entwicklung ablesen. Wann eine Art auf diese Weise eine andere geworden ist, kann man nur ungefähr aus dem Vergleich mit heute nebeneinander lebenden ähnlichen Arten schließen.

Von weit größerer Bedeutung für die Evolution* ist die Aufspaltung einer Art in zwei oder mehrere (Mayr, 1967). Innerhalb einer Fortpflanzungsgemeinschaft können einzelne Individuen oder Gruppen ihre Erbsubstanz immer nur so weit von den übrigen abändern, wie eine Rückkreuzung ohne Katastrophe möglich ist. Das heißt, das Zusammenspiel der Erbfaktoren zweier Partner läßt keine zu große Verschiedenheit zu. Harmonieren die Erbträger nicht, sind die Nachkommen wenig lebensfähig, steril oder entwickeln sich erst gar nicht.

Die Erbsubstanz legt fest, in welcher Variationsbreite eine Tierart auf Umweltreize oder deren Ausbleiben reagiert. Sie kann immer nur eine Nische, wie die Biologen sagen, einnehmen. Auf den ersten Blick scheinen manche Arten dieses Gesetz zu

---

* Mit Evolution ist hier die Entwicklung der Lebewesen im Laufe unserer Erdgeschichte gemeint.

durchbrechen, wie der Kolkrabe, der Hochgebirge und Tiefland, Küsten wie arktische Regionen zu bewohnen vermag. Er ist auf „Unspezialisiertheit spezialisiert", wie Lorenz treffend gesagt hat. Dennoch sind auch dem Kolkraben Grenzen gesetzt. Er kann weder wie eine Eule nachts jagen noch wie eine Seeschwalbe stoßtauchen oder nicht einmal wie eine Ente schwimmen. Wenn eine Gruppe von Lebewesen alle Möglichkeiten ihrer Umgebung ausschöpfen „will", muß sie die jeder Art angelegten Erbfesseln sprengen. Das ist nur durch Aufspaltung in viele Arten möglich, also durch eine Unterbrechung der Vermischung bei räumlicher Trennung. Damit erschließen sich für eine Ursprungsart neue Nischen, die bei späterem Zusammentreffen sogar ein Nebeneinanderleben ermöglichen*. Gäbe es nur die zuerst beschriebene historische Artbildung, wäre nur eine Art auf unserer Erde vorhanden, die gewiß nicht weit über das Einzellenstadium hinausgekommen wäre.

Die ersten Schritte der Artaufspaltung werden in den wenigsten Fällen wirklich zu einer neuen Art führen, und die wenigsten Arten werden eine für die Evolution revolutionäre Entwicklung einleiten, wie der Übergang der Fische zu den Kriechtieren oder der Reptilien zu Säugetieren und Vögeln. Arten sind gewissermaßen Experimente der Evolution mit hoher Verlustrate, aber dennoch großem Erfolg, ähnlich wie die Mutation auf einem anderen Niveau (Mayr, 1967).

11. Evolution der Stimmen

Wie haben die gemeinsamen Vorfahren der Zwillingsarten Garten- und Waldbaumläufer gesungen, als sie noch eine Art waren? Die Frage mag manchem unseriös klingen, denn niemand von uns hat das erlebt, Versteinerungen von Stimmen gibt es nicht, und unsere Vorfahren vor 10000 Jahren haben uns keine Beschreibungen überliefert. In die Vergangenheit können wir, was Vogelstimmen betrifft, allenfalls 10—30 Jahre zurückstoßen, so lange nämlich, wie es Schallplatten und Tonbandaufnahmen von Vogel-

---

* Ob geographische Isolation die einzige Möglichkeit der Artaufspaltung ist, sei dahingestellt. Auf jeden Fall ist sie eine sehr wichtige.

stimmen gibt. Für die Entstehung neuer Arten ist das unter natürlichen Bedingungen ein bedeutungsloser Zeitraum. Ganz so hoffnungslos, wie es scheinen mag, ist die Situation aber nicht. Denn die Vergleichende Anatomie hat uns Hilfsmittel in die Hand gegeben, über die Entstehung der Lebewesen etwas auszusagen. Man muß dazu nur die heute vorkommenden Tiere befragen. Versteht man diese Kunst, bringt man erstaunliche Dinge an den Tag. Etwa, daß zwei unserer drei Gehörknöchelchen Hammer, Amboß und Steigbügel früher einmal unser Kiefergelenk waren. Allerdings waren unsere Vorfahren damals noch Reptilien und keine Säugetiere wie heute, und das liegt immerhin 200—300 Millionen Jahre zurück. Heute verbinden die drei Knochen unser Trommelfell mit dem Innenohr. Dorthin übertragen und verstärken sie die vom Trommelfell aufgefangenen Schallwellen. Früher schnappten „wir" damit unsere Beute. Die Anatomen können das durch den Vergleich der Knochen heute lebender Tiere nachweisen*.

Die Pioniere unter den Verhaltensforschern, wie Oskar Heinroth und Konrad Lorenz, waren ursprünglich Vergleichende Anatomen, und nichts liegt näher, als daß sie mit „ihrer" Methode das Verhalten der Tiere untersucht haben. Das Ergebnis war für sie nicht überraschend: Verhaltensweisen sind um so ähnlicher, je näher die Tiere miteinander verwandt sind. Verhaltensweisen können uns also über den Grad der Verwandtschaft zweier Tierarten ebenso etwas aussagen wie ihr Aussehen und ihr Körperbau. Untersuchen wir außerdem vergleichend ihr Eiweiß, ihr Blut, ihre Parasiten und ihre Verbreitung, kommen wir zu einem Ergebnis, das der tatsächlichen natürlichen Verwandtschaft recht nahekommen dürfte.

Vergleichen wir — mit dieser Erkenntnis ausgerüstet — etwa den Gesang der verschiedenen Meisenarten, können wir nicht erwarten, Übereinstimmungen in den Feinheiten zu finden. Denn selbst Formen, von denen nicht einmal sicher ist, ob sie schon verschiedene Arten sind, können in Einzelheiten völlig verschieden singen. Das hat der Stimmenvergleich afghanischer und europäischer Kohlmeisen gelehrt (S. 115). Untersuchen wir die Gesänge

---

* Diese Befunde sind auch an Hand ausgestorbener Tiere gut belegt.

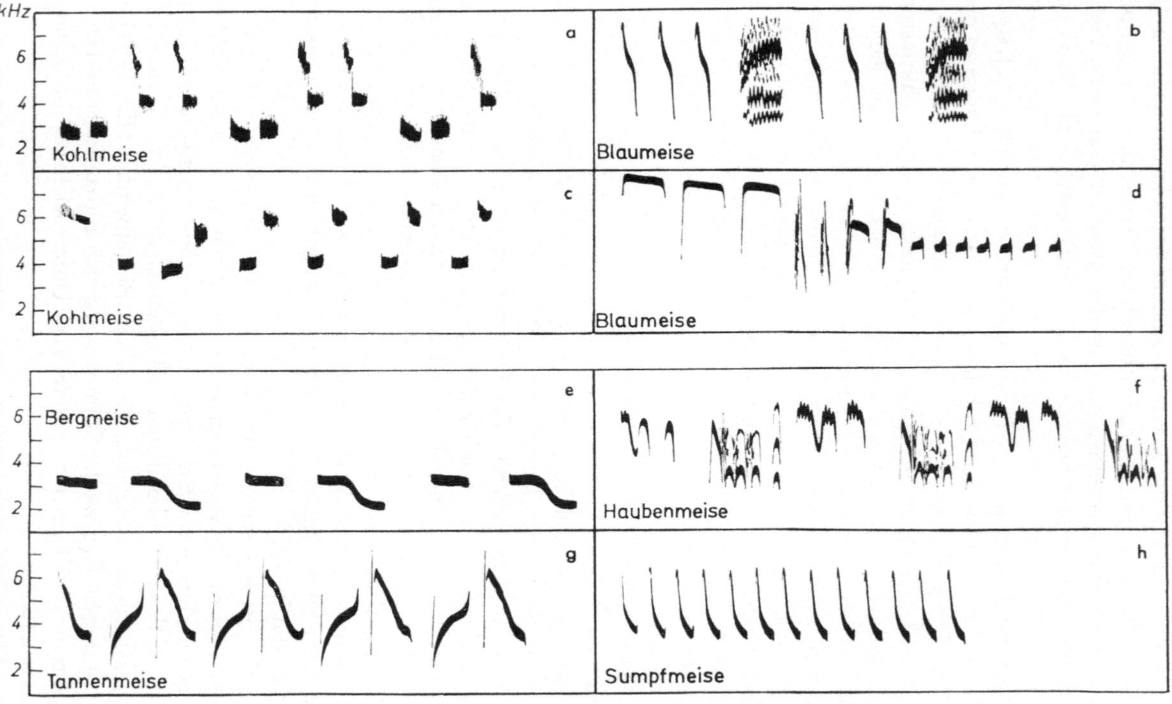
kHz
a
Kohlmeise
b
Blaumeise
c
Kohlmeise
d
Blaumeise
e
Bergmeise
f
Haubenmeise
g
Tannenmeise
h
Sumpfmeise

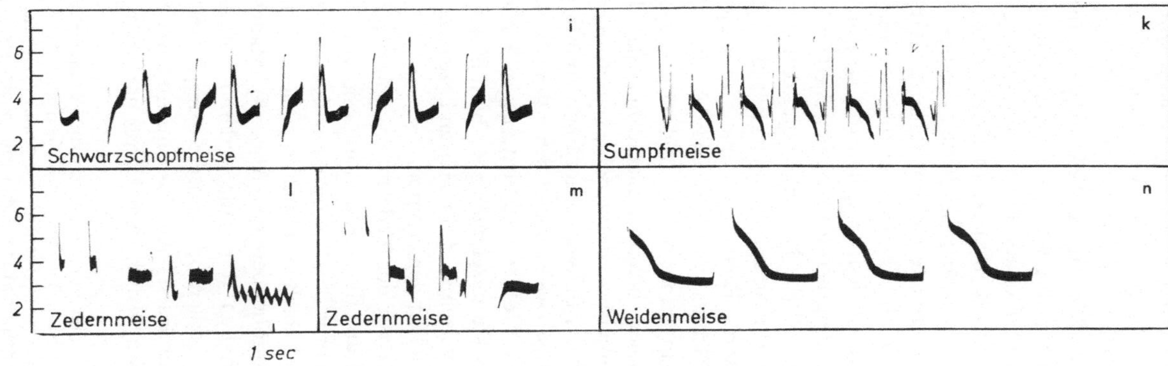

Abb. 77. 13 Strophen von neun Meisenarten

der Meisen* dagegen nur auf prinzipielle Übereinstimmungen hin, ist das Ergebnis positiv. Von zwölf auf Gemeinsames hin geprüften Arten haben elf übereinstimmenden Strophenaufbau.

In der Regel sind Meisenstrophen aus gleichförmig aneinandergereihten Elementen aufgebaut wie bei der Sumpf- und Weidenmeise (Abb. 77 h, n) oder aus Wiederholungen von einer Elementgruppe. So fügt die Kohlmeise in Abb. 77 a die vier Elemente *zizibebe* dreimal aneinander; der dritten Gruppe *(zizibe)* fehlt das vierte Element. Die zweite Kohlmeisenstrophe (c) in der Abb. 77 weicht mit den beiden ersten Elementen von diesem Aufbau ab, die übrige Strophe ist jedoch „richtig“. Strophen wie in c sind bei Kohlmeisen selten, bei der Blaumeise jedoch etwa gleich häufig (d) wie „normale“ (b). Nur eine unter den zwölf untersuchten Meisenarten baut alle Strophen anders auf als die übrigen Arten. Es ist die mit unserer Tannenmeise nahe verwandte Zedernmeise (l, m), die in den Wäldern des Himalajas lebt. Kein Stimmkundiger würde ihren Gesang einer Meise zuschreiben, wenn er ihm vom Tonband vorgespielt bekäme. Daraufhin die Meisenverwandtschaft der Zedernmeise zu bezweifeln, wäre töricht, da sie unserer Tannenmeise und der Schwarzschopfmeise mit dem wissenschaftlichen Namen *Parus melanolophus* sehr ähnlich sieht. Außerdem baut sie ihr Nest in Höhlen und klemmt große Nahrungsbrocken unter den Fuß, um sie zu schnabelgerechten Bissen zu verarbeiten. Beide Verhaltensweisen sind für Meisen bezeichnend und deshalb ein gutes Kennzeichen der Gruppe.

Die Verwandtschaft der Zedernmeise mit den beiden Tannenmeisen geht auch aus ihren Alarmrufen hervor. Sie sind bei den übrigen Meisen entweder langgezogen oder kurz, gereiht meist hier wie dort, und reichen immer in vielen „Tonbändern“ über einen weiten Tonhöhenbereich (Abb. 78). Manche Arten leiten solche Alarmrufreihen mit ganz anderen Lauten ein, wie die Kronenmeise aus Indien oder unsere Sumpf- und Weidenmeise. Die drei „Tannenmeisen“-Arten (Tannenmeise, Schwarzschopfmeise, Zedernmeise) haben dem Klang nach nur „Einleitungs“-

---

* Mit Meisen sind hier nur die Arten gemeint, deren erster wissenschaftlicher Name *Parus* ist, nicht aber ebenfalls Meisen genannte Arten wie Schwanz- und Beutelmeisen, die zwar manche Gemeinsamkeit mit den *Parus*-Arten haben, jedoch wahrscheinlich nicht näher mit ihnen verwandt sind.

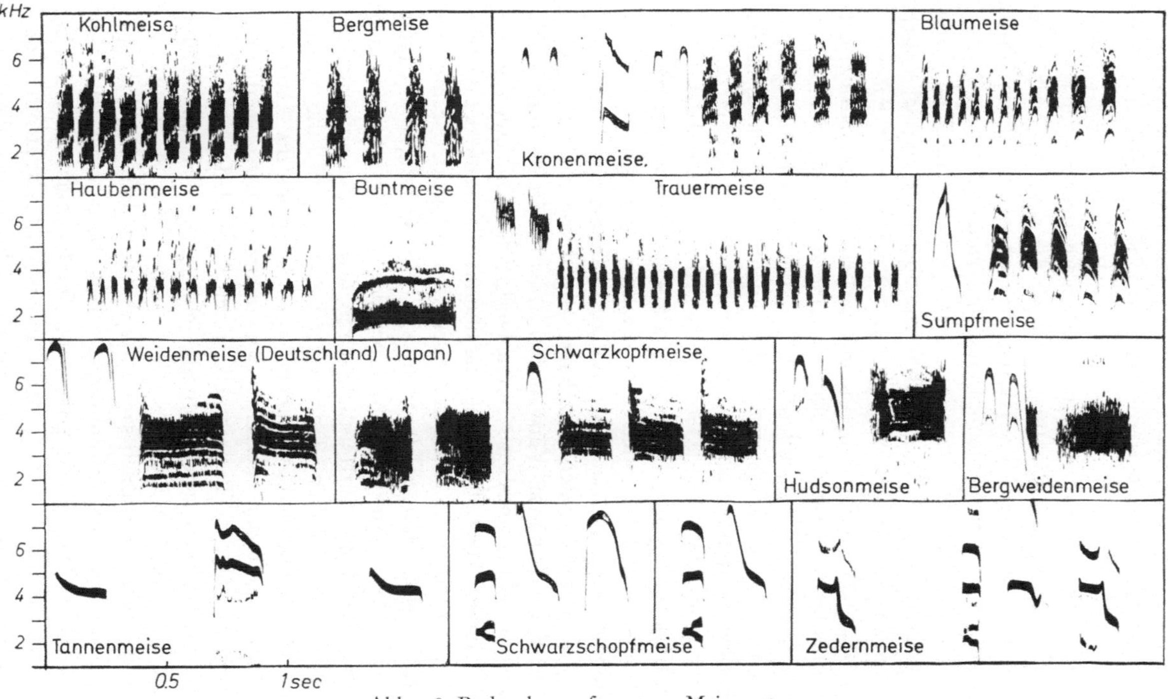

Abb. 78. Bodenalarmrufe von 15 Meisenarten

Rufe, um ihren Alarm kundzutun. Sie ähneln einander viel mehr als die anderer Meisenarten (Abb. 78). Eine Eigenheit der „Tannenmeisen"-Alarmrufe ist die Mehrstimmigkeit mancher Laute, wie bei dem zweiten Laut der Tannenmeise, bei dem die Tonbänder in verschiedene Richtungen laufen. Es sind also nicht etwa Grundton und Obertöne. Dasselbe finden wir in Abb. 79 beim ersten Laut der Schwarzschopfmeise und beim zweiten der Zedernmeise. Die Zedernmeise ruft sogar sechs verschiedene Töne gleichzeitig. Da diese Eigenheit nicht gerade überaus häufig bei Vögeln ist und sie den übrigen Meisenarten weitgehend fehlt, haben wir hier wiederum eine Stütze für unsere Behauptung, daß die drei „Tannenmeisen" einander ähnlicher sind als den übrigen Meisen.

Da unsere Befunde mit denen aus anderen Gebieten übereinstimmen, können wir Stimmen als brauchbares Verwandtschaftskennzeichen mitverwerten. Vorsicht ist freilich angebracht. Das lehrt uns der abweichende Gesang der Zedernmeise und das Fehlen gemeinsamer Kennzeichen der dunkelköpfigen Meisenarten (Trauer-, Sumpf-, Weiden-, Schwarzkopf-, Hudson- und Bergweidenmeise). Ihre Alarmrufe sind kurz (Trauermeise), etwas länger (Sumpfmeise) oder ganz langgezogen wie bei den übrigen.

Die Beurteilung der Verwandtschaft ist bereits die zoologische Nutzanwendung unseres Stimmenvergleichs. Die eingangs gestellte Frage, wie wohl der Gesang und die Alarmrufe der gemeinsamen Vorfahren der jetzigen Meisenarten im Spektrogramm ausgesehen haben mögen, können wir beim Gesang mit einiger Sicherheit beantworten. Die Mehrheit der Meisen singt nach einem Bauplan, und der dürfte auch schon dem Urmeisengesang zugrunde gelegen haben. Schwieriger ist die Beurteilung bei den Alarmrufen. Hier läßt sich nicht sagen, so haben die Alarmrufe der Urmeisen früher wahrscheinlich geklungen. Die gemeinsamen Vorfahren der drei Tannenmeisenarten haben jedoch mit ziemlicher Sicherheit diesen dreien ähnlicher gerufen als die anderen heute lebenden Meisenarten.

Sollte man auf Anhieb sagen, ob der Bettellaut *hip* eintägiger Baumläufer mit dem Stimmfühlungslaut *srih* erwachsener etwas zu tun habe, würde man in einige Verlegenheit geraten. Bei Kenntnis der Geschichte der *srih*-Laute ist die Sache ziemlich klar. Auf Seite 136 in Abb. 87 ist die Entwicklung des Bettellautes dargestellt. Das einfache *hip* geht im Laufe der Nestlingszeit fließend in den Stimmfühlungslaut *srih* über. Die Vergleichenden Anatomen fanden heraus, daß die Jugendentwicklung die Stammesgeschichte* wiederholt. Das trifft zwar nicht immer zu, aber immerhin in 60—70% der Fälle (Remane, 1952). Wieweit Verhaltensweisen so rekapituliert werden, ist noch weitgehend ungeklärt. In unserem Beispiel wäre es denkbar, daß der Bettellaut eher da war als der Stimmfühlungsruf, denn die Baumläufer haben noch einen weiteren Ruf mit gleicher Funktion. Anstatt ihn einfach aufzugeben, nachdem er nicht mehr gebraucht wurde, die Eltern zu stimulieren, haben ihn die Baumläufer beibehalten. In der Funktion brauchte dabei nicht viel geändert werden, denn die ist ohnehin ähnlich: Der Bettelruf veranlaßt die Eltern, bald wiederzukommen, und der Stimmfühlungsruf den Partner, das gleiche zu tun.

Weniger wahrscheinlich ist dagegen die Annahme, der Bettelruf *hip* habe früher als Stimmfühlungsruf gedient und sich erst im Laufe der Zeit zum *srih* entwickelt. Vermutlich kann der eben geschlüpfte Baumläufer mit seinem Stimmapparat noch nichts anderes hervorbringen als das einfache leise *hip*.

Sowohl Garten- als auch Waldbaumläufer wandeln ihre Bettellaute in gleicher Weise zu dem bei beiden Arten nur wenig verschiedenen Stimmfühlungsruf um. Daraus darf man folgern, daß der gemeinsame Vorfahr beider Arten das gleiche ganz ähnlich tat.

Vergleichen wir die Laute des Waldbaumläufers mit seinem Gesang, finden wir zum Teil überraschend gute Übereinstimmungen. So ist der Stimmfühlungsruf *srih*, den wir eben als Abschluß der Jugendentwicklung des Bettellautes kennengelernt haben, mit dem ersten Gesangselement zum Verwechseln ähnlich (Abb. 79). Nicht anders ist es mit dem Rivalenlaut *ziii* und einem Gesangselement im ersten Drittel der Strophe (Abb. 79). Spielt man den Rivalenlaut vom Tonband ab, reagieren freilebende Waldbaumläufermännchen wie auf den Gesang. Sie kommen schnell herbei, fliegen aufgeregt hin und her und singen viel, um den vermeintlichen Rivalen zu verjagen. Die gleiche Reaktion bekommt man, wenn man aus mehreren Waldbaumläuferstrophen das dem Rivalenlaut

---

* Stammesgeschichte ist die Lehre von der Entwicklung der Lebewesen während der Erdgeschichte.

ähnliche Element herausschneidet und diese Tonbandschnitzel zu einer Rufreihe zusammenklebt und im Wald abspielt. Es ist ganz unwahrscheinlich, daß Rivalenruf und Gesangselement zufällig so gut übereinstimmen. Man kann vielmehr mit ziemlicher Sicherheit auf gleichen Ursprung der beiden schließen. Wie es dazu gekommen ist, kann man bisher nur vermuten.

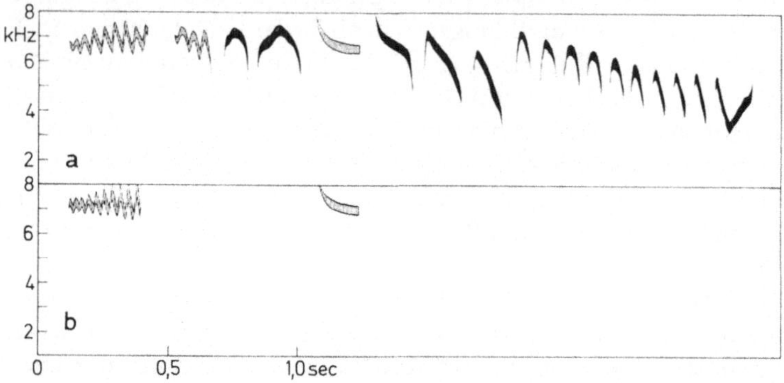

Abb. 79. a Waldbaumläuferstrophe, b Stimmführungsruf *srih* und Rivalenlaut *ziii* des Waldbaumläufers, die mit den schraffierten Gesangselementen gut übereinstimmen

Die Tendenz, einzelne Gesangselemente und Laute einander anzugleichen, ist bei allen bisher untersuchten vier Baumläuferformen* vorhanden, wie das Bild 80 zeigt. Alle Elemente der vier Strophen, die Lauten der jeweiligen Form entsprechen, sind gepunktet, die übrigen schwarz. Da alle vier Baumläuferformen diese Übereinstimmungen zeigen, wird sich ihr gemeinsamer Vorfahr ebenso verhalten haben.

Interessanterweise entsprechen Gesangselemente bei allen vier Formen nur Stimmfühlungs- und Rivalenrufen, also Lauten, deren Funktion auch vom Gesang ausgeübt wird (s. S. 34). Vielleicht gibt das einen Hinweis, wie der Gesang im Laufe der Stammesgeschichte entstanden ist. Der erste Singvogel hat sicher nicht wie eine Nachtigall gesungen. Bestimmt war sein Gesang einfacher, als

---

* Es wird hier der neutrale Ausdruck Form an Stelle von Art verwendet, weil nicht sicher ist, ob der amerikanische Baumläufer schon eine eigene Art oder nur eine Rasse des Waldbaumläufers ist.

128

die Gesänge heute sind. Vielleicht waren Stimmfühlungs- und
Rivalenlaut der Kern, um den sich die Strophen kristallisiert haben.
Viele Vielleichts sind in dieser Rechnung, aber gerade das ist reiz-
voll, mehr darüber in Erfahrung zu bringen.

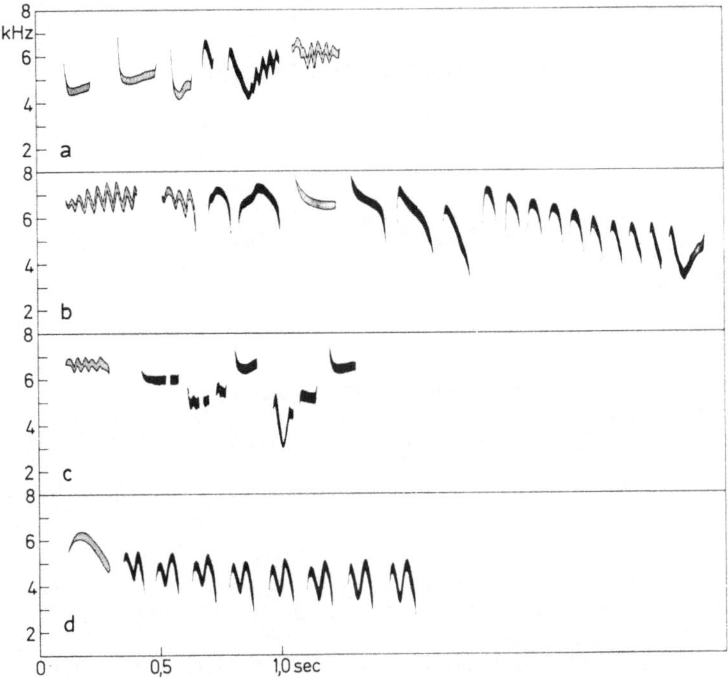

Abb. 80a—d. Je eine Strophe vom Gartenbaumläufer (a), Waldbaumläufer
(b), Amerikanischen Baumläufer (c) und Himalaja-Baumläufer (d). Die gestrichelten Elemente stimmen mit Lauten der jeweiligen Baumläufer gut
überein

Suchen wir nach weiteren Ähnlichkeiten zwischen den Lautäußerungen des Waldbaumläufers, wird der erfahrene Vogelstim-
menkundler sofort weiterhelfen. Denn er kann nach seinem Gehöreindruck Rivalen- und Alarmrufe des Waldbaumläufers nicht
auseinanderhalten. Auch das Klangspektrogramm verrät keine
großen Unterschiede (Abb. 81). Viele Rivalenlaute sehen ganz wie
Alarmlaute aus. Nur einer — ganz rechts in der Abb. 81 b — weicht
von den übrigen ab. Davon abgesehen liegt die einzige bisher

festgestellte Verschiedenheit nicht in den Lauten selbst, sondern in den Pausen zwischen ihnen. Die Pausen sind in Alarmsituationen recht gleichmäßig und relativ lang. Gegenüber einem Rivalen rufen die Waldbaumläufer viel schneller, sind dann ruhig und rufen wieder schnell gereiht (Abb. 82).

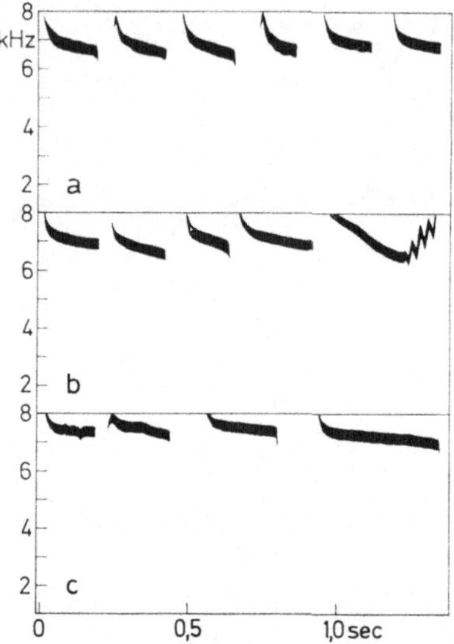

Abb. 81. a Alarmlaut von sechs Männchen, b Rivalenlaut von fünf Männchen, c Angstschrei von vier Männchen des Waldbaumläufers

Der dritte im Bunde von Alarm- und Rivalenruf ist der Angstschrei, den ein von einem Menschen oder einem Feind gegriffener Waldbaumläufer ausstößt. Einige Angstlaute sind Alarm- und Rivalenlauten sehr ähnlich, die meisten sind aber mehr in die Länge gezogen (Abb. 81). Alle drei Rufe gehen wahrscheinlich auf einen Ursprung zurück. Ihre Ähnlichkeit läßt keine andere Annahme zu.

Wir haben in diesem Beispiel verschiedene Wege einer in der Zoologie gebräuchlichen Methode kennengelernt, Licht in die Vergangenheit der Vogelstimmen zu bringen. Wir müssen vergleichen: die Gesänge verschiedener Arten, die Laute verschiedener Arten, innerhalb der Art die Laute mit den Gesängen und die Laute untereinander. Stoßen wir dabei auf Ähnlichkeiten, ist zu prüfen, wie groß die Wahrscheinlichkeit eines gemeinsamen Ursprungs ist. Der Grad der Übereinstimmung läßt sich mit Versuchen überprüfen, eine Möglichkeit, die wir bei Bewegungsweisen in diesem Zusammenhang nicht haben. Mitunter lassen sich wie in der Vergleichenden Anatomie zwei ganz verschiedene

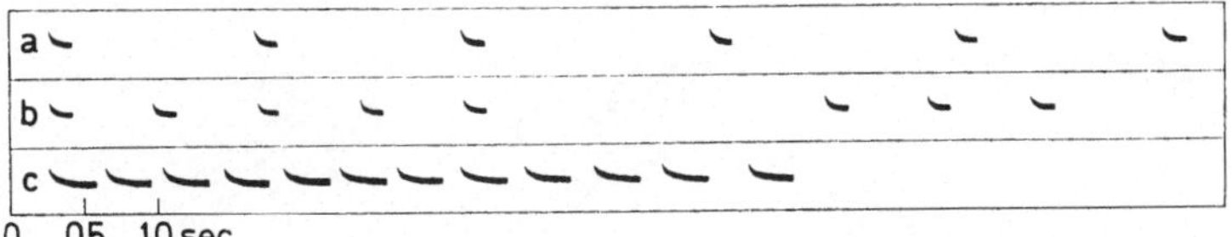

Abb. 82. a Natürliche Folge der Alarmlaute, b Rivalenlaute und c Angstschreie (schematisch)

Strukturen in Beziehung zueinander bringen, sobald Zwischenformen lückenlos vorhanden sind. Die Jugendentwicklung eines Lautes kann solche Verbindungen ans Licht bringen.

Als Regel läßt sich mit einiger Vorsicht heute schon sagen: Alarm- und Rivalenlaute einer Art sind häufig untereinander und mit dem Gesang verbunden. Nahverwandte Arten stimmen im Gesang meistens nur prinzipiell überein, in Lauten mitunter auch qualitativ sehr gut. Weitere Untersuchungen werden zeigen, ob damit tatsächlich Regeln oder nur Spezialfälle charakterisiert worden sind.

12. Klangschmarotzer

Es war lange Zeit umstritten, mit welcher anderen Vogelgruppe die Witwenvögel näher verwandt sind. Die unwahrscheinlich gute Übereinstimmung von Rachenzeichnung, Schnabelpapillen und Gefiederfärbung der Jungen hatte die Ornithologen dazu verleitet, Witwen und Prachtfinken für nahestehend zu halten. Das ist aber sicher falsch, wie Untersuchungen von Nicolai (1964) und Steiner (1965) ergeben haben. Die Gemeinsamkeiten beider Gruppen beruhen auf anderen Ursachen. Die Witwenweibchen legen ihre Eier in die Nester bestimmter Prachtfinkenarten (Abb. 83) und kümmern sich nicht mehr um ihre Brut. Das besorgen die Wirtseltern, die eigene und fremde Junge gemeinsam aufziehen. Von

ihren eigenen Jungen verschiedene Nestlinge füttern die Prachtfinken nicht. Abweichungen der Jungen haben also deren Tod
zur Folge. Die kleinen Nestschmarotzer müssen aber nicht nur
wie ihre Stiefgeschwister aussehen, sondern auch die Bettelbewe-
gungen beherrschen, die unter Singvögeln einmalig sind. Schon

Abb. 83. Männchen der Königswitwe macht ein Weibchen mit dem Nest-
lockruf der Wirtsvogelart auf ein bauendes Wirtsvogel-Männchen aufmerksam. Nach Nicolai 1964

die eben Geschlüpften verdrehen ihren Hinterkopf um 90 bis
160 Grad zum Nestboden, bis ihr geöffneter Schnabel nach oben
ragt. Das ist einer der Auslöser für die Eltern, den Jungen Futter
in den Schnabel zu pumpen. Ein anderer sind die Bettel- und
Standortlaute. Selbst die sind den Wirtsvogeljungen weitgehend
angepaßt (Abb. 84).

Die Lautäußerungen der Wirtsvögel haben jedoch noch viel
tiefgreifender von ihren Brutparasiten „Besitz" ergriffen. Alle
Witwenarten singen eine recht ähnliche Schäckerstrophe (Abb.85),
wenn sich zwei Männchen bekämpfen. Andere Strophen sind für
jede Witwenart charakteristisch. Ist ein Weibchen in der Nähe,
tragen die Männchen diesen Gesang bevorzugt vor. Die das Weibchen ansprechenden Strophen sind vollkommene „Nachahmungen" von Lautäußerungen der Wirtsvogelart (Abb. 86). Dafür
gibt es zwei Erklärungsmöglichkeiten: Entweder die Witwen
lernen sie von ihren Zieheltern, und zwar sowohl Männchen wie
Weibchen, nur mit dem Unterschied, daß die Männchen sie auch
selbst produzieren, oder die stimmliche Ähnlichkeit mit der Wirts-

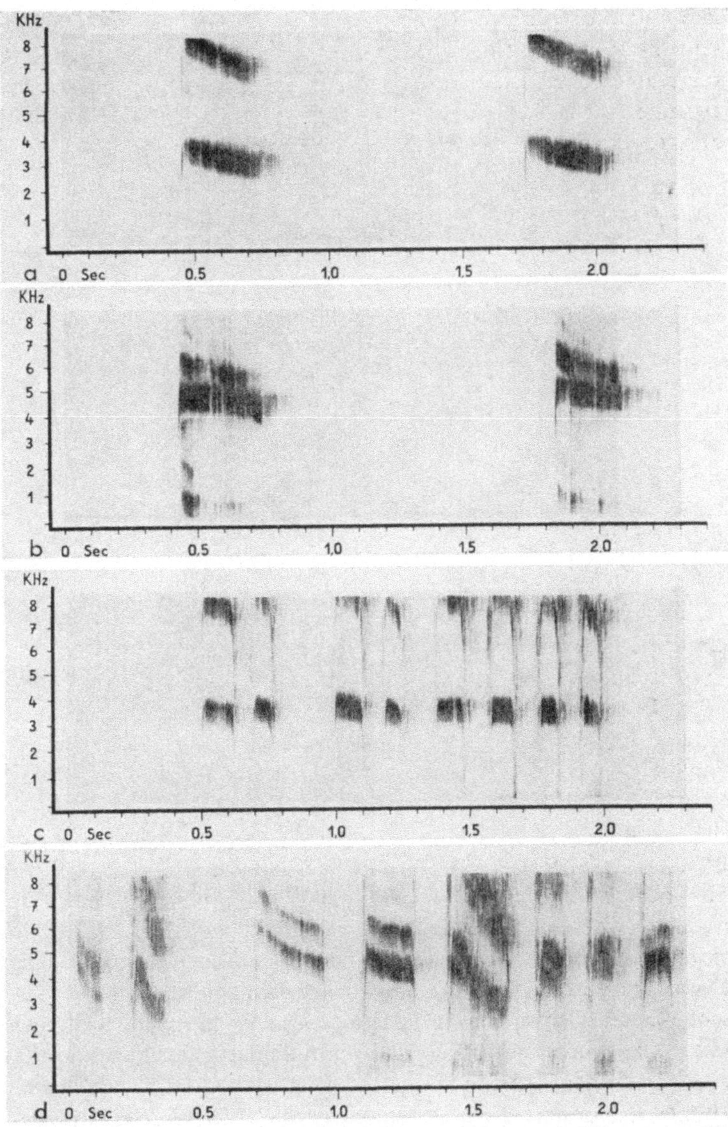

Abb. 84. Standortlaute und Futterbetteln von Wirtsvogel (Wiener Astrild) und Brutparasit (Breitschwanzparadieswitwe). a, b Standortlaute, c, d Futterbetteln, a, c Wirtsvogel, b, d Brutparasit. Nach Nicolai 1964

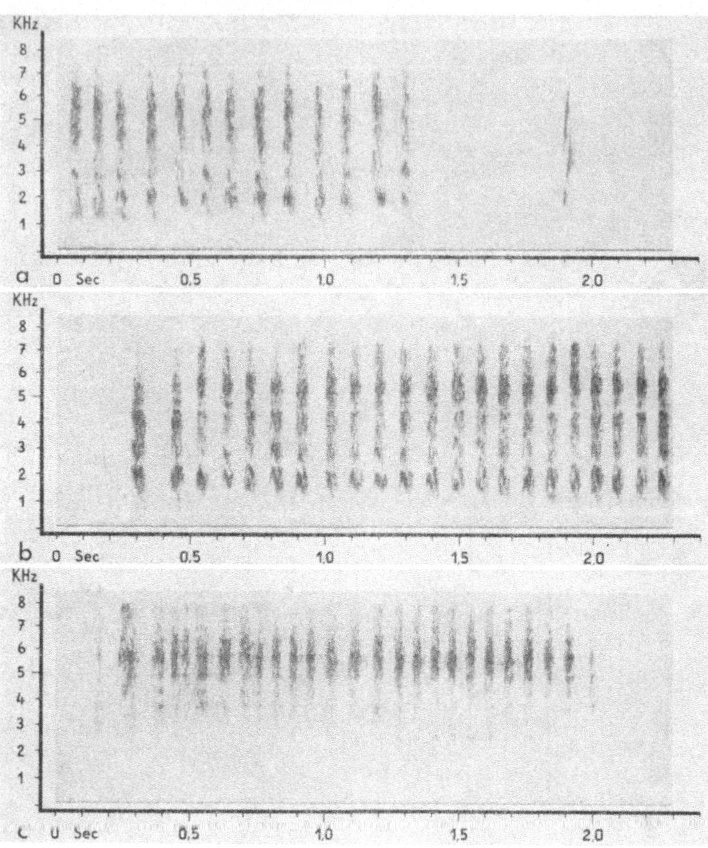

Abb. 85. a Schäckerstrophe der Atlaswitwe, b Rotschnabel-Atlaswitwe,
c Königswitwe. Mit diesen Strophen singen sich Männchen an. Nach Nicolai
1964

vogelart ist erblich fixiert wie die morphologischen Anpassungen.
Etwas Artfremdes bewirkt hier die Zusammenführung der Ge-
schlechter und ihre Synchronisation. Das ist möglich, weil eine
Witwenart immer nur bei einer Prachtfinkenart parasitiert und alle
geographischen Abwandlungen der Wirtsvogelstimmen nach-
vollzieht. Kommt es zur Aufspaltung der Wirtsvogelart in zwei
Arten, werden auch die Witwenarten geteilt. Nachdem Nicolai
diese selbst für den Zoologen, der allerlei gewohnt ist, sensatio-

134

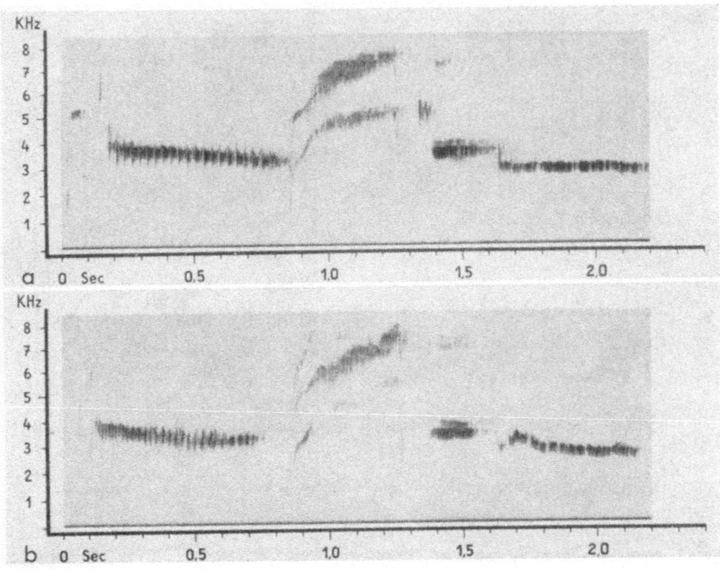

Abb. 86. a Auschnitt aus dem Gesang des Buntastrilds, b „Nachahmung"
dieser Strophe von der Paradieswitwe. Nach Nicolai 1964

nelle Entdeckung gemacht hatte, konnte er allein aus den Lautäußerungen der Witwenmännchen, deren Wirtsvogelart unbe-
kannt war, auf den Wirt schließen, sofern ihm dessen Stimmen
bekannt waren. Die Nachprüfung bestätigte die gestellte Diagnose
bisher immer.

13. Jugendentwicklung

a) Ein Vogel wird erwachsen

Manche Laute, die ein junger Vogel zum erstenmal in seinem
Leben äußert, sind bereits voll ausgebildet, selbst wenn sie schon
sehr früh, etwa am 15. Lebenstag, auftreten. Andere entwickeln sich
langsam zu ihrer endgültigen mehr oder weniger stereotypen Form.

Unsere beiden Baumläuferarten äußern schon bald nach dem
Schlüpfen einen einfachen, wie *hip* klingenden Laut, der zunächst
einförmig wiederholt wird (Abb. 87). Er zeigt den Eltern an, daß

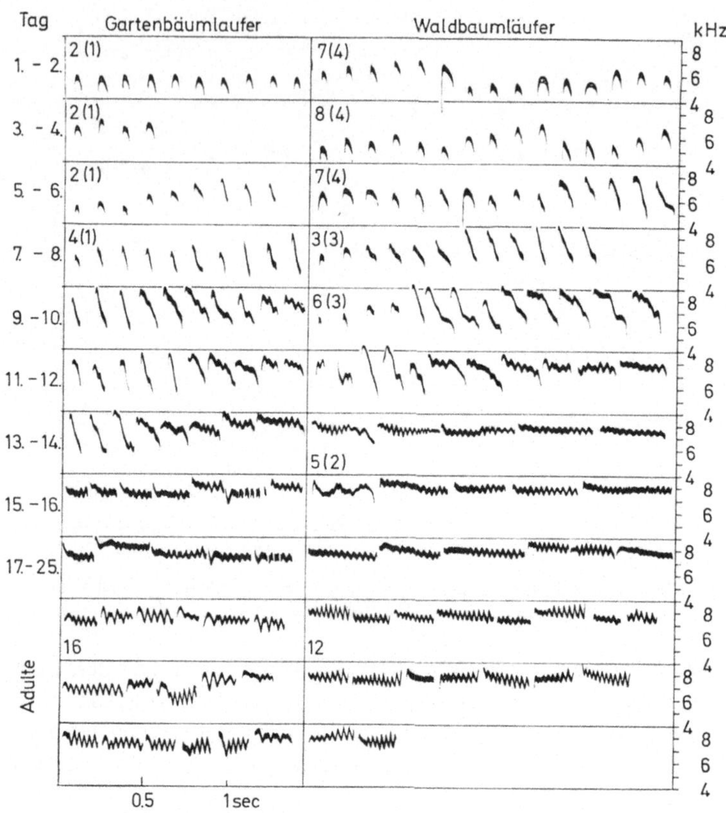

Abb. 87. Entwicklung der Bettellaute vom ersten Lebenstag zum Stimmfühlungsruf der Erwachsenen. Die Pausen zwischen den Lauten entsprechen nicht den natürlichen Abständen. Die Ziffern ohne Klammern über den klangspektrographierten Aufzeichnungen geben die Zahl der untersuchten Individuen an, die Ziffern in Klammern die Zahl der Bruten, denen die Jungen angehörten

ihre Kinder Hunger haben. Am fünften oder sechsten Lebenstag ändern sich diese Laute etwas. Das läßt sich aber nur an Klangspektrogrammen nachweisen. Jetzt ist die in der Tonhöhe fallende Komponente eines jeden Lautes ausgeprägter. Bis zum achten Tag verschwinden die „primitiven" Laute fast ganz. Um den neunten bis zehnten Tag rufen die jungen Baumläufer immer gedehnter.

136

Zum erstenmal treten nun im Klangspektrogramm Zickzacklinien auf, die durch schnellen Tonhöhenwechsel zustande kommen. Gleichzeitig wird der Tonhöhenumfang eingeengt. In der dritten Lebenswoche sind die Laute schon fast endgültig ausgeprägt, wie ein Vergleich mit den entsprechenden Lauten wilder Altvögel zeigt.

Wenn die jungen Baumläufer mit etwa 4—6 Wochen selbständig sind, benötigen sie keine Bettellaute mehr, denn ihr Futter müssen sie sich nun selbst suchen. Dennoch verzichten die Baumläufer nicht auf den Laut, den sie nun einmal haben. Nur seine Bedeutung ändert sich. Er dient fortan als Stimmfühlungsruf, denn die Baumläufer sind das ganze Jahr über nicht gern allein. Wie ihr Name andeutet, hüpfen sie an den Bäumen hinauf. Dabei verlieren sie ihre Kumpane leicht aus den Augen. Ist das geschehen, rufen sie sofort *srih*, das einmal aus ihren kindlichen Bettelrufen hervorgegangen ist. Während der Brutzeit gibt es dann noch einmal einen „Rückfall" in die Jugendzeit. Für die Rituale der Brutvorbereitungen und des Paarzusammenhalts greifen die Vögel gerne auf kindliche Verhaltensweisen zurück. Sie zittern dann wie ein hungriger Jungvogel mit den Flügeln und rufen in kurzen Abständen *srih*. Das Männchen füttert daraufhin seine Partnerin (vgl. S. 53).

Von vielen Singvögeln vernimmt man in früher Jugend zunächst ein leises einförmiges Zwitschern, das sehr bald variabler wird. Im Herbst erscheinen dann die ersten auch später nachweisbaren Elemente oder Motive, die zum Frühjahr immer lauter, häufiger und klarer werden. Abgesehen von Motiven, die unsere Amseln während des Vorspielens in früher Jugend nachgesungen haben, erscheinen im September andeutungsweise die ersten erlernten Elemente, und zwar zunächst nur einzeln oder zu zweit (Abb. 88). Im Dezember sang die Amsel die ersten vier Elemente zum erstenmal in einem Stück. Es dauerte noch eine Zeitlang, bis sie alle sechs Elemente zusammenfügte und gut mit dem früher gehörten Original abstimmte. Die ersten erlernten Motive treten schon auf, bevor der Gesang lauter wird. In der Zeit, wo er lauter wird, kann sich die Amsel in Sekundenschnelle von leisem Gezwitscher zum lauten Motivgesang „aufschaukeln". Entsprechend veränderlich ist die „Qualität" des Gesanges. Im leisen

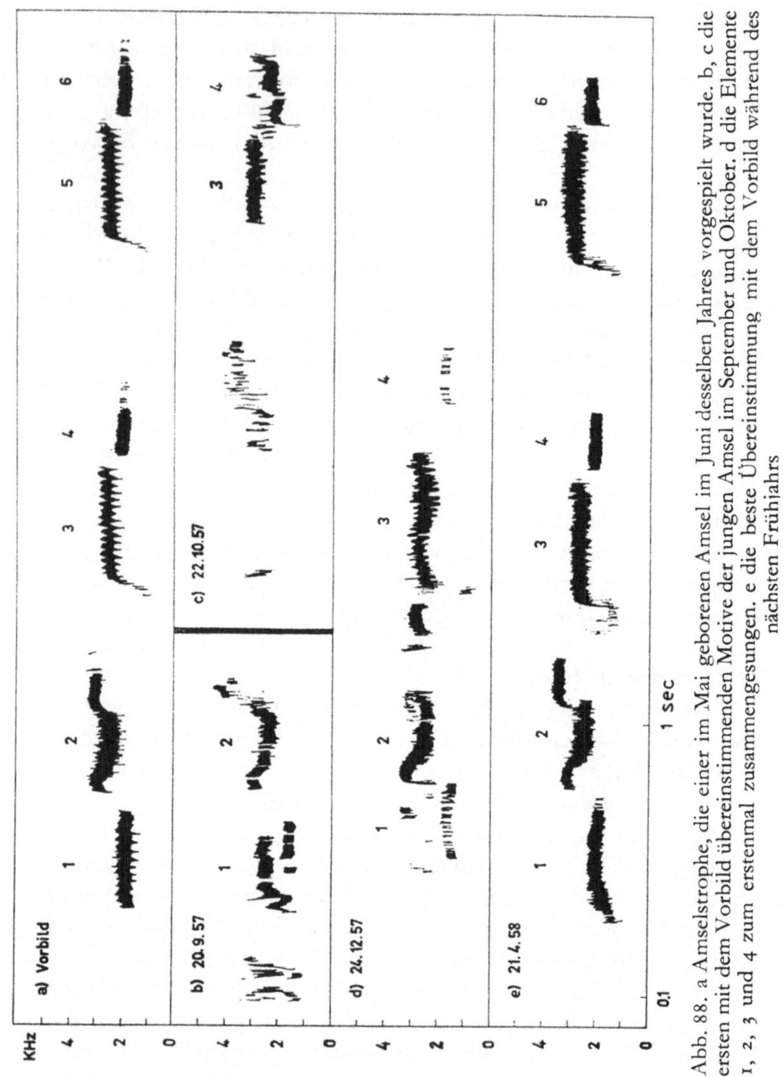

Abb. 88. a Amselstrophe, die einer im Mai geborenen Amsel im Juni desselben Jahres vorgespielt wurde. b, c die ersten mit dem Vorbild übereinstimmenden Motive der jungen Amsel im September und Oktober. d die Elemente 1, 2, 3 und 4 zum erstenmal zusammengesungen. e die beste Übereinstimmung mit dem Vorbild während des nächsten Frühjahrs

Gesang sind die Elemente variabler und werden von Jugendgesanggezwitscher unterbrochen. Die Angelsachsen nennen den Prozeß der Gesangsentwicklung treffend Kristallisation.

138

b) „Künstlicher" Gesang

Mit einem Kunstgriff lassen sich Vögel schon in einem sehr
frühen Alter zum Singen bringen. Man braucht sie dazu nur mit
männlichem Sexualhormon zu behandeln, indem man ihnen kleine

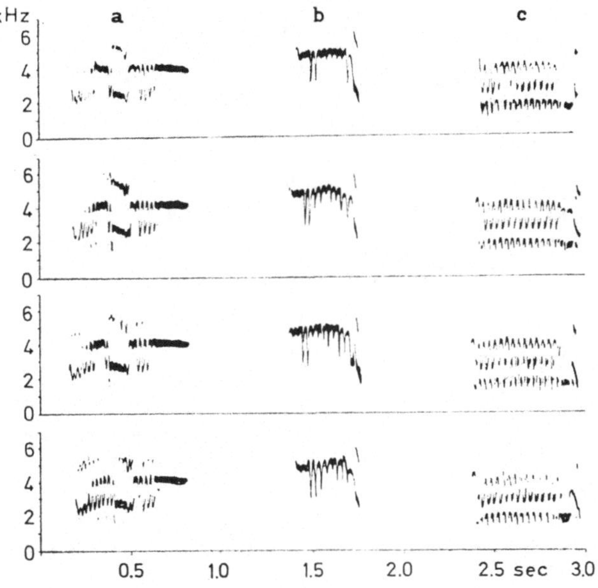

Abb. 89. Krähen von drei Haushahn-Küken (a, b, c), die im Alter von
sieben bis zehn Tagen mit Testosteron zum Singen gebracht wurden. Nach
Marler, Kreith und Willis 1962

Dosen in die Brustmuskulatur spritzt oder unter die Haut im-
plantiert. Auf diese Weise bekommt man Haushähne schon im
Alter von 7—10 Tagen zum Krähen (Marler und Mitarbeiter,
1962). Jedes Männchen entwickelt dabei sehr schnell ein konstan-
tes Krähen, an dem man jeden Vogel individuell erkennen kann
(Abb. 89). In diesem frühen Alter klingt das Krähen wie ein Quie-
ken. Verabreicht man denselben Vögeln 14—30 Tage später
männliches Hormon, hört es sich schon viel „natürlicher" an,
entsprechend unterschiedlich sind die Spektrogramme (Abb. 90).
Die Junghähne krähen mit etwa 3—5 Wochen länger und tiefer,
der Tonhöhenbereich ist eingeengt, die Obertöne sind jedoch

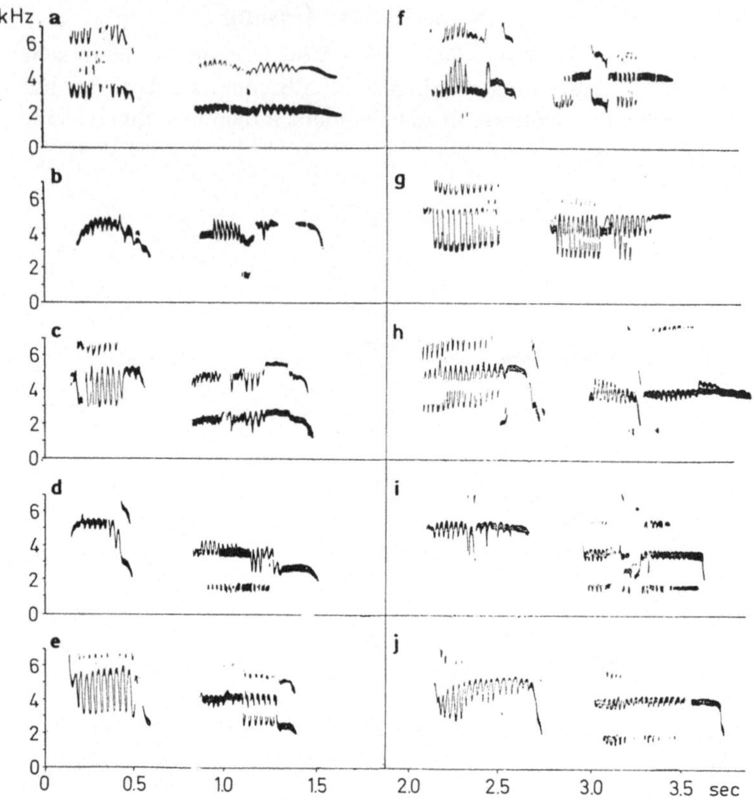

Abb. 90. a—j Krähen von zehn Haushähnen, links jeweils etwa eine Woche, rechts drei bis fünf Wochen alt. Nach Marler, Kreith und Willis 1962

lauter. Die schnellen Tonhöhenänderungen — im Spektrogramm als Zickzacklinien erkennbar — reichen nicht mehr über einen so weiten Tonhöhenbereich.

Bei der Amsel fanden wir nach Hormonbehandlung ebenfalls altersbedingte Unterschiede in der Gesangsausbildung. Etwa 6 Wochen alte Amseln singen unter Hormoneinwirkung zwar so laut wie unbehandelte im nächsten Frühjahr, ihre Elemente sind aber sehr „unsauber", und erlernte Anteile klingen dann wenig vorbildsgetreu. Sie sind erst in einem Alter sicher nachweisbar, in dem erlernte Anteile auch bei unbehandelten Vögeln vorkommen.

Haushühner und Amseln können also in einem sehr frühen Lebensalter zwar schon sehr laut, aber in verschiedener Hinsicht nur unvollkommen singen. Darüber hinaus leiten die Sinnesorgane der Amsel bereits in diesem Alter komplizierte Schalleindrücke weiter, und das Gehirn speichert diese Information, lange bevor die ausführenden Körperteile das Gehörte ohne künstliche Hormongabe wiedergeben. Ob das an dem noch nicht voll entwickelten Stimmapparat oder am Nervensystem liegt, wissen wir nicht.

c) Taube Vögel

Schon am ersten Lebenstag ertaubte Haushahnküken krähen später genauso wie hörende und entwickeln alle ihre Laute ganz normal. Sie benötigen dazu keine akustische Selbstkontrolle. Selbst verschiedene Abstufungen eines Lautes als Antwort auf unterschiedlich starke Außenreize sind bei tauben Vögeln völlig normal.

Bei jungen Singvögeln verläuft die Entwicklung anders. Sie ist von Nottebohm (1967) am Buchfinken am eingehendsten studiert worden. Von früheren Abbildungen (48, 54) kennen wir bereits eine normale Buchfinkenstrophe. Im Alter von 3—4 Monaten ertaubte Buchfinkenmännchen brachten im nächsten Frühjahr nur einen sehr unvollkommenen Gesang zustande (Abb. 91). Einer der drei konnte lediglich kontinuierlich kreischen (C). Aber auch die anderen hatten ganz atypische, geräuschhafte, unklar strukturierte Elemente (A, B). Beide hatten vor der Ertaubung nur „primitiv" gezwitschert; ihr Gesang entsprach der Stufe frühesten Jugendgesanges.

In ihrem ersten Winter ertaubte Buchfinken sangen Strophen, die aus einfachen, ziemlich gleichförmigen Elementen gereiht waren (Abb. 92). Nur eines (C) von vier Männchen neigte dazu, die Strophen in Phrasen einzuteilen.

Zwei Männchen sangen in ihrem ersten Frühjahr einen Tag, zwei oder mehrere Tage lang laut, aber noch keine stereotypen Strophen. Danach wurden sie ertaubt. Das Männchen mit der längsten Übung im lauten Gesang gliederte seine Strophen nach der Ertaubung am eindeutigsten in Phrasen, bei den anderen beiden war diese Tendenz nur schwach. Keiner sang einen Endschnörkel.

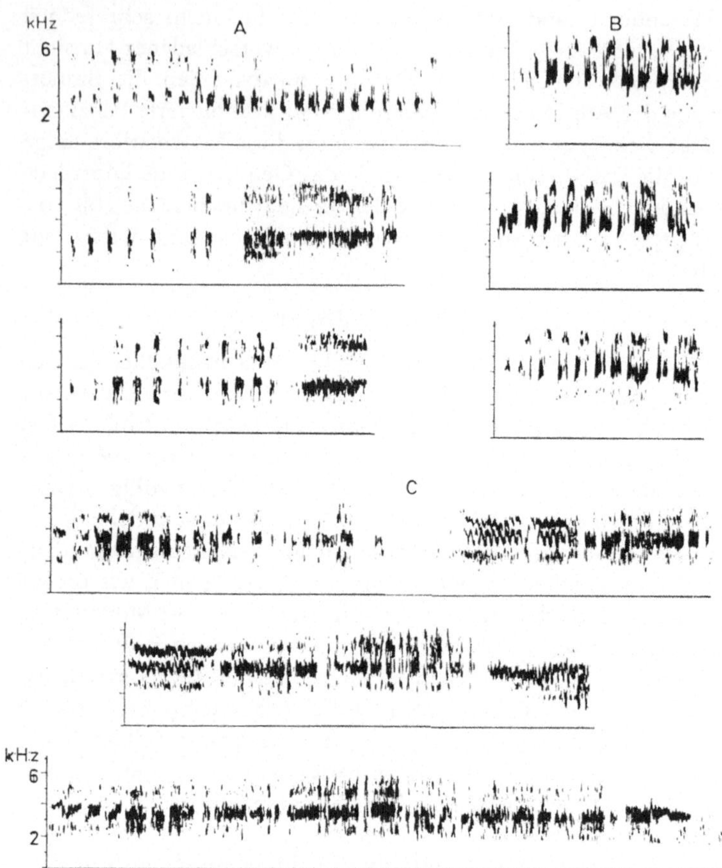

Abb. 91. Strophen von drei (A, B, C) im Alter von drei bis vier Monaten
ertaubten Buchfinken-Männchen. Nach Nottebohm 1967

12 Tage „probierte" ein Männchen lauten „plastischen" Gesang. In dieser Zeit sang es mitunter schon nahezu vollkommene
Strophen (Abb. 93 a). Danach wurde es ertaubt. Sein Gesang „ver-
fiel", indem die Elemente weniger konstant und die Phrasen un-
natürlich lang wurden (Abb. 93 b, c, d, e).

Vier Männchen ertaubte Nottebohm erst im Winter nach ihrer
ersten Brutperiode. Diese Vögel hatten schon mehrere Monate

142

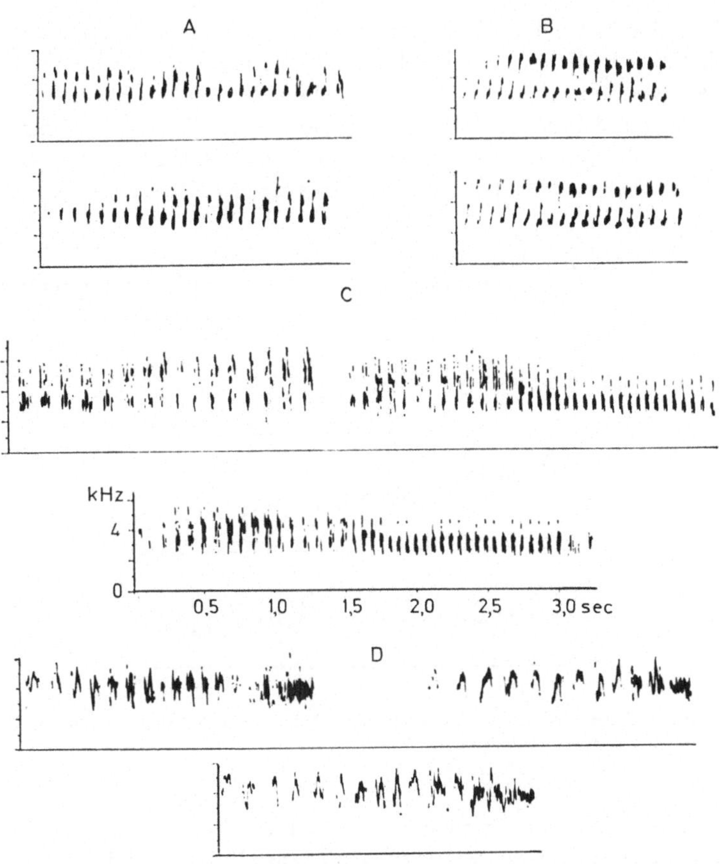

Abb. 92. Strophen von vier (A, B, C, D) in ihrem ersten Winter ertaubten Buchfinken-Männchen. Nach Nottebohm 1967

stereotype Strophen gesungen. Ihre Strophen veränderten sich im nächsten Frühjahr und Sommer nicht. Sie benötigten keine akustische Selbstkontrolle mehr.

Die Versuche Nottebohms haben folgendes ergeben: Buchfinken singen um so unvollkommener, je kürzer die normale Periode eigener Gesangsausübung war. Solange der Gesang im ersten Frühjahr noch plastisch ist, muß sich der Vogel selbst hören können, sonst „verfallen" selbst nahezu voll entwickelte Strophen.

Von den Versuchen über Angeborenes und Erlerntes wissen wir,
daß manche Vögel in früher Jugend Gehörtes genau behalten und
im nächsten Frühjahr selbst wiedergeben können. Nun können wir
ergänzen, daß dieses im Gehirn gespeicherte „Wissen" eine Zeitlang selbst produziert werden muß, bevor es sogar ohne akustische Selbstkontrolle fehlerfrei wiedergegeben werden kann.

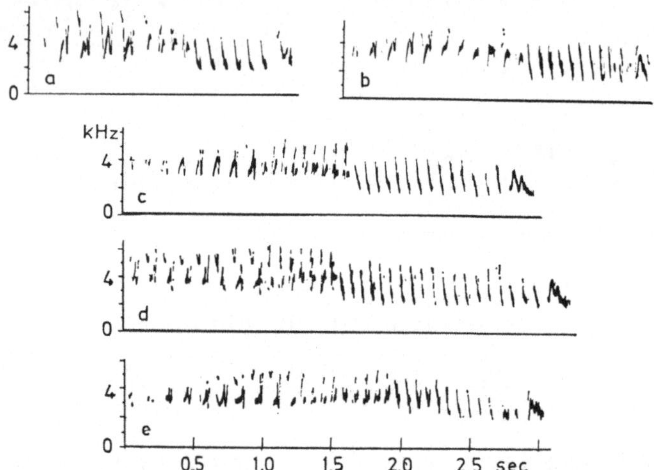

Abb. 93. Fünf Strophen eines Buchfinken-Männchens; a vor der Ertaubung
(16. 2. 1966), b—e nach der Ertaubung. b 1. 4. 1966, c 6. 4. 1966, d 13. 4. 1966,
e 19. 4. 1966. Nach Nottebohm 1967

Andere Singvögel sind auch in ertaubtem Zustand fähig, ihren
Jugendgesang etwas weiterzuentwickeln. Nahverwandte Arten
können sich hierin grundsätzlich unterscheiden, wie der Oregon-
Junco und der Mexikanische Junco (Konishi, 1964). Keine der
bisher untersuchten Singvogelarten entwickelte völlig normalen
Gesang, wie es die Haushähne tun.

14. Jahreszyklus

Die Vögel singen und rufen nicht das ganze Jahr über gleich
viel. Das ist jedem bekannt, der ein offenes Ohr für Vogelstimmen
hat. Im Winter singen bei uns nur wenige Arten. Ab und zu kann

man einen Zaunkönig oder ein Rotkehlchen hören. Der Einfluß
der Witterung ist zu dieser Zeit drastisch. Kälte und Wind beeinträchtigen die Häufigkeit des Gesanges erheblich. Zum Frühjahr
hin wird der Gesang immer häufiger. Es ist seit langem bekannt,
daß die Zunahme des Gesanges mit dem Hodenwachstum parallel
läuft, und viele Versuche haben gezeigt, welches Hormon den

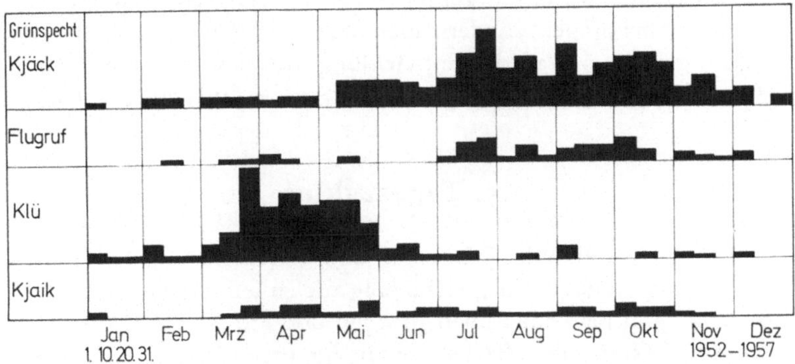

Abb. 94. Verteilung von drei verschiedenen Rufen und dem Gesang *(klü)* des
Grünspechts im Jahresablauf. Nach Blume 1961, verändert

Gesang auslöst. Es ist das männliche Sexualhormon Testosteron,
über dessen Wirkung schon im Kapitel Jugendentwicklung auf
S. 139 berichtet wurde. Englische Rotkehlchen erreichen schon
im Februar das Maximum ihres Gesanges, englische Singdrosseln
und Blaumeisen im März und Buchfinken und Amseln erst im
Mai (Cox, 1944). Während der Mauser im August sind die meisten
Arten sehr schweigsam. Im Herbst kommt es bei vielen Arten
noch einmal zu einem Gesangsgipfel, so beim Star, beim Zilpzalp
und dem Hausrotschwanz. Wiederum läßt sich zu dieser Zeit eine
Gonadenaktivität feststellen.

Bietet man Vögeln in der Gefangenschaft nach kurzer täglicher
Beleuchtung im Spätherbst eine zunehmende Tageslänge, bekommt man von ihnen mitten im November vollen Gesang.

Nicht alle Stimmen einer Art haben unter natürlichen Bedingungen ihr Maximum im Frühjahr. Von vier Lautäußerungen des
Grünspechts ist nur der Gesang *(klü)* von März bis Mai am häufigsten (Abb. 94). Den *kjäck*-Ruf hört man dagegen vor allem von

Juli bis Oktober, während der Führungszeit der Jungen und der Eingewöhnung in ein neues Revier. Der Drohruf *kjaik* hat wiederum eine andere jahreszeitliche Häufigkeit. Er ist nahezu das ganze Jahr gleich oft zu hören (Blume, 1961).

Jahreszeitliche Schwankungen betreffen nicht nur die Quantität, sondern auch die Qualität des Gesanges. An Amseln und Buchfinken können wir das im zeitigen Frühjahr beobachten, und zwar nicht nur bei jungen, sondern auch bei alten Männchen, die bis zu einem gewissen Grad die Entwicklung vom leise zwitschernden Jugendgesang zum lauten Motivgesang jedes Jahr wiederholen.

15. Tageszyklus

Ähnlich wie über das Jahr rufen und singen die Vögel auch im Laufe eines Tages nicht gleichmäßig oft zu jeder Zeit. Im allgemeinen kann man am frühen Morgen und am Abend einen Gesangsgipfel feststellen. Bachstelzen in Ägypten haben im Frühjahr nur am Morgen ein Gesangsmaximum, im Herbst singen sie dagegen am meisten am späten Vormittag bis zum Mittag (Hartley, 1946). Temperatur, Wind, Bewölkung, Brutphase und innere Bereitschaft beeinflussen die Stimmfreudigkeit. Armstrong (1963) behandelt dieses Kapitel ausführlich. Der morgendliche Sangesbeginn ist von Art zu Art verschieden und ändert sich im Laufe des Jahres. Da man Beginn und Ende der Sangesaktivität wildlebender Vögel genau erfassen kann, waren Vogelstimmen mit die Grundlage für ein Modell über die tageszeitliche Aktivität der Tiere (Aschoff und Wever, 1962).

16. Vogelstimmen und Musik

Über dieses Thema ist schon viel geschrieben worden. Es gibt sogar ein ganzes Buch, das sich nur mit der Musik im Gesang einer Vogelart befaßt. Dieser Band trägt nur wenig in dieser Richtung bei, weil wir — so meine ich — noch recht wenig über Vogelstimmen und Musik wissen. Bevor wir Vogelstimmen und Musik vergleichen, haben wir uns zu fragen, wie die dafür zuständigen

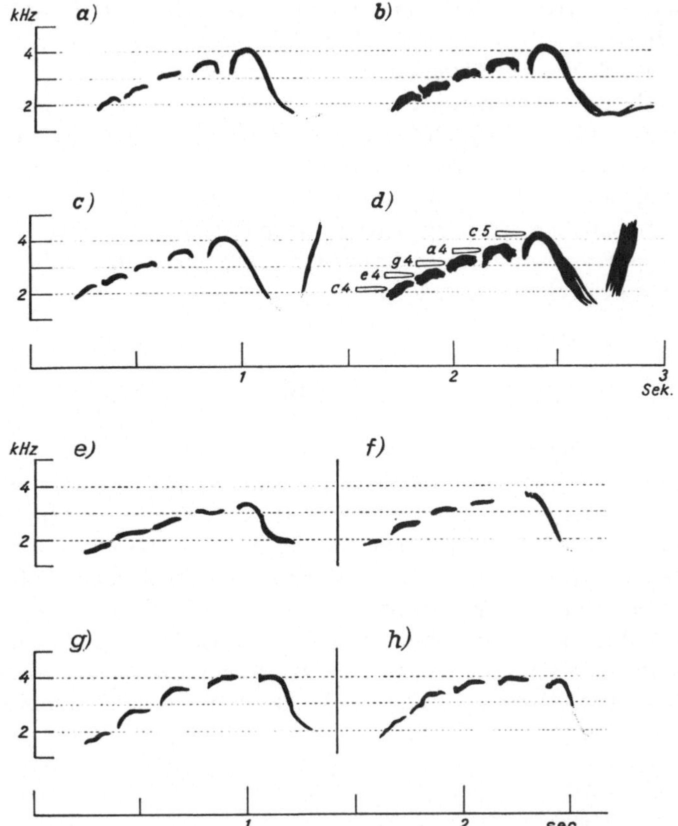

Abb. 95. a, c Schäferpfiff. — Nachahmungen von einer Haubenlerche. b, d sechs bzw. zehn Nachahmungen übereinandergezeichnet zeigen die geringe Variationsbreite. Auf dem Klavier angeschlagene Töne sind in d vor die entsprechenden Elemente gezeichnet. e, f, g, h vier Pfiffolgen des Schäfers zeigen dessen große Variationsbreite. Nach Tretzel 1965 b, verändert

Wissenschaftler die menschliche Musik definieren: In Riemanns Musiklexikon (1967) steht darüber: „Musik ist im Geltungsbereich dieses Wortes: — im Abendland — die künstlerische Gestaltung des Klingenden, das als Natur und Emotionslaut die Welt und die Seele im Reich des Hörens in begrifflicher Konkretheit bedeutet, und das als Kunst in solchem Bedeuten vergeistigt „zur

Sprache" gelangt, kraft einer durch Wissenschaft (Theorie) reflektierten und geordneten, daher auch in sich selbst sinnvollen und sinnstiftenden Materialität ..."

Bisher können wir nur feststellen, daß Vögel über einige Grundlagen verfügen, die auch Bestandteil der Musik sind, etwa wenn sie in andere Tonhöhen transponieren, eine verschieden unrein gepfiffene Melodie in eine „reine" umwandeln oder mindestens unter vielen die seltene reine nachahmen (Abb. 95). Auffallend ist die gesetzmäßige Folge bestimmter Strophen des amerikanischen Wood Pewees.

17. Schluß

Ähnlich heterogen wie die verschiedenen Wissenszweige sind, die mit der Bioakustik Verbindung haben, ist unser Wissen zu den einzelnen Kapiteln. Manches ist schon recht gut gesichert, aber oft fehlen sogar Beschreibungen der Tatbestände, also die Grundlage aller Forschung. Als Teilgebiet der Vergleichenden Verhaltensforschung wurde die Stimmenkunde von dieser Richtung nachhaltig beeinflußt. Das kommt auch im Umfang der Abschnitte, etwa über Lernen, zum Ausdruck. Um zu einem abgerundeten Wissen über alle Aspekte der Bioakustik zu kommen, bedarf es noch vieler Mühe.

Literatur

ARMSTRONG, E. A. (1963): A study of bird song. Oxford University Press, New York, Toronto.

ASCHOFF, J., WEVER, R. (1962): Beginn und Ende der täglichen Aktivität freilebender Vögel. J. Orn. **103**, 2—27.

BANDORF, H. (1968): Beiträge zum Verhalten des Zwergtauchers *(Podiceps ruficollis)*. Vogelwelt, Beiheft 1, 7—61.

BAUER, K. M., GLUTZ VON BLOTZHEIM, U. N. (1966): Handbuch der Vögel Mitteleuropas. Band 1, Frankfurt.

BERCK, K.-H. (1961): Beiträge zur Ethologie des Feldsperlings *(Passer montanus)* und dessen Beziehung zum Haussperling *(Passer domesticus)*. Vogelwelt **82**, 129—173; **83**, 8—26.

BERNDT, R., MEISE, W. (1959): Naturgeschichte der Vögel. Stuttgart.

BLASE, B. (1960): Die Lautäußerungen des Neuntöters *(Lanius c. collurio L.)*, Freilandbeobachtungen und Kaspar-Hauser-Versuche. Z. Tierpsych. **17**, 293—344.

BLUME, D. (1961): Über die Lebensweise einiger Spechtarten *(Dendrocopus major, Picus viridis, Dryocopus martius)*. J. Orn. **102**, Sonderheft.

BREMOND, J. (1968): Recherches sur la semantique et les elements vecteurs d'information dans les signaux aconstiques du Rouge-Gorge *(Erithacus rubecula L.)*. La Terre et la Vie **2**, 109—220.

BROCKWAY, BARBARA F. (1962): The effects of nest-entrance positions and male vocalizations on reproduction in Budgerigars. Living bird **1**, 93—101.

— (1965): Stimulation of ovarian development and egg laying by male courtship vocalization in Budgerigars *(Melopsittacus undulatus)*. Animal Behav. **13**, 575—578.

CHAMBERLAIN, D. R., GROSS, W. B., CORNWELL, G. W., MOSBY, H. S. (1968): Syringeal anatomy in the Common Crow. Auk **85**, 244—252.

CONRADS, K. (1966): Der Egge-Dialekt des Buchfinken *(Fringilla coelebs)*. — Ein Beitrag zur geographischen Gesangsvariation. Vogelwelt **87**, 176—182.

COX, P. R. (1944): A statistical investigation into bird-song. British Birds **38**, 3—9.

CURIO, E. (1959): Verhaltensstudien am Trauerschnäpper. Z. Tierpsych., Beiheft 3.

— (1963): Probleme des Feinderkennens bei Vögeln. Proc. XIII internat. ornith. congr. 1963, 206—239.

DECKERT, G. (1962): Zur Ethologie des Feldsperlings *(Passer m. montanus L.)*. J. Orn. **103**, 428—486.

DOBZHANSKY, TH., PAVLOVSKY, O. (1957): An experimental study of interaction between genetic drift and natural selection. Evolution **11**, 311—319.

GOETHE, F. (1955): Beobachtungen bei der Aufzucht junger Silbermöwen. Z. Tierpsych. **12**, 402—433.

GOMPERTZ, T. (1967): The his-display of the Great Tit *(Parus major)*. Vogel-welt **88**, 165—169.

— (1968): Results of bringing individuals of two geographically isolated forms of *Parus major* into contact. Vogelwelt, Beiheft **1**, 63—92.

GOODWIN, D. (1967): Pigeons and doves of the world. Trustees of the British Museum (Natural History).

GWINNER, E., KNEUTGEN, J. (1962): Über die biologische Bedeutung der „zweckdienlichen" Anwendung erlernter Laute bei Vögeln. Z. Tierpsych. **19**, 692—696.

HAARTMAN, L. v. (1953): Was reizt den Trauerfliegenschnäpper *(Muscicapa hypoleuca)* zu füttern? Vogelwelt **16**, 157—164.

HAMILTON III, W. J. (1962): Evidence concerning the function of nocturnal call notes of migratory birds. Condor **64**, 390—401.

HARRISON, C. J. O. (1962): Solitary Song and its Inhibition in some Estril-didae. J. Orn. **103**, 369—379.

HARTLEY, P. H. T. (1946): The song of the White Wagtail in winter quarters. British Birds **39**, 44—47.

ILJITSCHEW, W. D., ISWEKOWA, L. M. (1963): In W. D. ILJITSCHEW (1967): Die Mauser der Ohrfedern. Falke **14**, 202—203.

IMMELMANN, K. (1962): Beiträge zu einer vergleichenden Biologie australischer Prachtfinken (Spermestidae). Zool. Jb. Syst. **90**, 1—196.

— (1967): Zur ontogenetischen Gesangsentwicklung bei Prachtfinken. Verh. Deutsch. Zool. Ges. Göttingen 1966, Zool. Anz. 30. Supplement, S. 320—332.

KIRBY, J., BROWN, PH., ZWEERS, K.: So singen die Vögel. Nr. 8 (Schallplatten-hülle).

KOEHLER, O. (1951): Der Vogelgesang als Vorstufe für Musik und Sprache. J. Orn. **93**, 3—20.

KONISHI, M. (1964): Song variation in a population of Oregon Juncos. Condor **66**, 423—436.

KUHK, R. (1966): Aus der Sinneswelt des Rauhfußkauzes *(Aegolius funereus)*. Anz. orn. Ges. Bayern **7**, 714—716.

LÖHRL, H. (1955): Schlafgewohnheiten der Baumläufer *(Certhia brachydac-tyla, C. familiaris)* und anderer Kleinvögel in kalten Winternächten. Vogel-warte **18**, 71—77.

— (1959): Zur Frage des Zeitpunktes einer Prägung auf die Heimatregion beim Halsbandschnäpper *(Ficedula albicollis)*. J. Orn. **100**, 132—140.

— (1968): Tiere und wir. Frankfurt, Berlin, Wien.

LORENZ, K. (1935): Der Kumpan in der Umwelt des Vogels. J. Orn. **83**, 137—213, 289—413.

LOTT, D., SCHOLZ, SUSAN D., LEHRMAN, D. S. (1967): Exteroceptive stimulation of the reproductive system of the female Ring Dove *(Streptopeli arisoria)* by the mate and by the colony milieu. Animal Behaviour **15**, 433—437.

MARLER, P. (1956): Über die Eigenschaften einiger tierlicher Rufe. J. Orn. **97**, 220—227.

— (1957): Specific distinctiveness in the communication signals of birds. Behaviour **11**, 13—39.

— (1967): Comparative study of song development in sparrows. Proc. XIV intern. ornith. congr. 1966, 231—244.

— KREITH, M., WILLIS, E. (1962): An analysis of testosteron-induced crowing in young domestic cockerels. Animal Behaviour **10**, 48—54.

— — TAMURA, M. (1964): Culturally transmitted patterns of vocal behaviour in Sparrows. Science **146**, 1483—1486.

Mayr, E. (1963): Animal species and evolution. Cambridge, Massachusetts. Deutsche Übersetzung (1967): Artbegriff und Evolution. Hamburg/Berlin.

Meise, W. (1928): Die Verbreitung der Aaskrähe (Formenkreis *Corvus corone* L.). J. Orn. **76**, 1—203.

Messmer, E., Messmer, I. (1956): Die Entwicklung der Lautäußerungen und einiger Verhaltensweisen der Amsel *(Turdus merula L.)* unter natürlichen Bedingungen und nach Einzelaufenthalt in schalldichten Räumen. Z. Tierpsych. **13**, 341—441.

Moynihan, M., Hall, M. F. (1954): Hostile sexual and other social behaviour patterns of the Spice Finch *(Lonchura punctulata)* in captivity. Behaviour **7**, 33—76.

Mulligan, J. A. (1966): Singing behaviour and its development in the Song Sparrow Melospita melodia. Univ. Calif. public. zool. **81**, 1—76.

Nicolai, J. (1959): Familientradition in der Gesangsentwicklung des Gimpels *(Pyrrhula pyrrhula L.)*. J. Orn. **100**, 39—46.

— (1962): Anmerkung zu: Harrison, C. J. O. (1962). Solitary Song and its inhibition in some Estrildidae. J. Orn. **103**, 369—379.

— (1964): Der Brutparasitismus der Viduinae als ethologisches Problem. Z. Tierpsych. **21**, 129—204.

Niethammer, G. (1937): Handbuch der deutschen Vogelkunde, Bd. 1, Leipzig.

Nottebohm, F. (1967): The role of sensory feedback in the development of avian vocalizations. Proc. XIV intern. ornith. congr. S. 265—280.

Payne, R. S. (1962): How the barn owl locates prey by hearing. Living Bird **1**, 151—159.

Poulsen, H. (1951): Inheritance and learning in the song of the Chaffinch *(Fringilla coelebs L.)*. Behaviour **3**, 216—228.

Reinig, W. F. (1938): Elimination und Selektion. Jena.

Remane, A. (1952): Die Grundlagen des natürlichen Systems der vergleichenden Anatomie und der Phylogenetik. Leipzig.

Riemann, H. (1967): Musiklexikon. Mainz.

Rüppell, W. (1933): Physiologie und Akustik der Vogelstimme. J. Orn. **81**, 433—542.

Rutschke, E. (1966): Über den Bau und die Färbung der Vogelfeder. Falke **13**, 292—299.

Sauer, F. (1954): Die Entwicklung der Lautäußerungen vom Ei ab schalldicht gehaltener Dorngrasmücken *(Sylvia c. communis Latham)*. Z. Tierpsych. **11**, 1—93.

Schleidt, W. M. (1964): Über die Spontaneität von Erbkoordinationen. Z. Tierpsych. **21**, 235—256.

— Schleidt, M., Magg, M. (1960): Störung der Mutter-Kind-Beziehung bei Truthühnern durch Gehörverlust. Behaviour **16**, 254—260.

Schwartzkopff, J. (1955): Schallsinnesorgane, ihre Funktion und biologische Bedeutung bei Vögeln. Acta XI Congr. Intern. Ornith. 1954.

— (1960): Vergleichende Physiologie des Gehörs. Fortschritte Zoologie **12**, 206—264.

— (1965): Die Verarbeitung von Sinnesnachrichten im Organismus. Festschr. Eröffn. Univ. Bochum. F. Kamp, Bochum.

Sheldon, W. G. (1967): The book of the American Woodcock. University Massachusetts, Amherst.

Sick, H. (1959): Die Balz der Schmuckvögel *(Pipridae)*. J. Orn. **100**, 269—302.

SIMMONS, K. E. L. (1955): The natur of predator-reactions of waders towards humans; with special reference to the role of the aggressive-, escape-, and broodingdrives. Behaviour 8, 130—173.

SMITH, N. G. (1966): Evolution of some Arctic Gulls *(Larus)*: an experimental study of isolating mechanisms. Ornithological Monographs Nr. 4.

STEIN, R. C. (1968): Modulation in bird sounds. Auk **85**, 229—243.

STEINER, H. (1965): Der Brutparasitismus der Viduinae, ein eigenartiger Fall echter Mimikry. Zool. Jb. System **92**, 167—182.

STRESEMANN, E. (1919): Über die europäischen Baumläufer. Verh. Orn. Ges. Bayern **14**, 39—74.

— (1927—34): Aves. In: Kükenthal-Krumbach, Handb. Zool. **7**, 2. Hälfte, Berlin, Leipzig.

THIELCKE, G. (1970): Die sozialen Funktionen der Vogelstimmen. Vogelwarte (im Druck).

THIELCKE, H., THIELCKE, G. (1960): Akustisches Lernen verschieden alter schallisolierter Amseln *(Turdus merula* L.) und die Entwicklung erlernter Motive ohne und mit künstlichem Einfluß von Testosteron. Z. Tierpsych. **17**, 211—244.

THORPE, W. H. (1954): The process of song-learning in the Chaffinch as studied by means of the sound spectrograph. Nature **173**, 465—475.

— (1958): The learning of song patterns by birds, Äith especial reference of the song of the chaffinch *Fringilla coelebs*. Ibis **100**, 535—570.

— (1961): Bird-song. Cambridge.

TODT, D. (1968): Wiederholung akustischer Muster im Gesang der Amsel. Naturw. **55**, 450.

TRETZEL, E. (1965a): Über das Spotten der Singvögel, insbesondere ihre Fähigkeit zu spontaner Nachahmung. Verh. Deutsch. Zool. Ges. Kiel 1964. Zool. Anz. Suppl. **28**, 556—565.

— (1965 b): Imitation und Variation von Schäferpfiffen durch Haubenlerchen *(Galerida c. cristata* L.). Ein Beispiel für spezielle Spottmotiv-Prädisposition. Z. Tierpsych. **22**, 784—809.

— (1967): Spottmotivprädisposition und akustische Abstraktion bei Gartengrasmücken *(Sylvia borin borin* [Bodd.]). Verh. Deutsch. Zool. Ges. Göttingen 1966. Zool. Anz., Suppl. **30**, 333—343.

TSCHANZ, B. (1968): Trottellummen. Z. Tierpsych., Beiheft **4**.

VEPRINSTEV, B. N., NAOOMOVA, Z. R. (1964): The voices of wild nature: Siberian birds. Schallplattenaufnahme.

VINCE, M. A. (1964): Social facilitation of hatching in the Bobwhite Quail. Animal Behaviour **12**, 531—534.

— (1966): Artifical acceleration of hatching in Quail embryos. Animal Behaviour **14**, 389—394.

— (1967): Wie synchronisieren Wachteljunge im Ei den Schlüpftermin? Umschau, S. 415—419.

— (1968): Effect of rate of stimulation on hatching time in Japanese Quail. Brit. Poultry Science **9**, 87—91.

WALL, W. VON DE (1963): Bewegungsstudien an Anatiden. J. Orn. **104**, 1—15.

WEEDEN, J. S., FALLS, J. B. (1959): Differential responses of male Ovenbirds to recorded songs of neighboring and more distant individuals. Auk **76**, 343—351.

Abbildungsnachweis

Bilder von anderen Autoren sind aus den im Literaturverzeichnis angeführten Arbeiten entnommen. Eigene Abbildungen stammen aus folgenden Artikeln (alle übrigen sind Originale):

Abb. 2: Die Auswertung von Vogelstimmen nach Tonbandaufnahmen. Vogelwelt **87**, 1—14.

Abb. 26: Zur Phylogenese einiger Lautäußerungen der europäischen Baumläufer. Z. zool. Syst. Evolutionsforsch. **2**, 383—413.

Abb. 27: Zur geographischen Variation des Gesanges des Zilpzalps in Mittel- und Südwesteuropa mit einem Vergleich des Gesanges des Fitis. J. Orn. **104**, 372—402.

Abb. 28: Die sozialen Funktionen verschiedener Gesangsformen des Sonnenvogels. Z. Tierpsych. (im Druck).

Abb. 29, 52, 89: Ergebnisse der Vogelstimmen-Analyse. J. Orn. **102**, 285—300.

Abb. 53, 55, 56, 57, 58, 71, 72: Geographic variation in bird vocalizations. In Hinde: Bird vocalizations. Cambridge 1969.

Abb. 59, 64: Gesangsgeographische Variation des Gartenbaumläufers im Hinblick auf das Artbildungsproblem. Z. Tierpsych. **22**, 542—566.

Abb. 68, 70, 76: Entstehung neuer Tierarten. Sandorama. Dez. 1965.

Abb. 75: Die Reaktion von Tannen- und Kohlmeise auf den Gesang nahverwandter Formen. J. Orn. **110**, 148—157.

Abb. 78, 79: Gemeinsames der Gattung *Parus*. Ein bioakustischer Beitrag zur Systematik. Vogelwelt, Beiheft **1**, 147—164.

Abb. 88: Die Ontogenese der Bettellaute von Garten- und Waldbaumläufer. Zool. Anz. **174**, 237—241.

Sachregister

Kursive Zahlen verweisen auf Seiten mit Abbildungen